老龄直升机维护技术与应用

主　编　王　强
副主编　周小猗
编　委　刘玉科　苟　江　黄　轲
　　　　巴文亮　邵航军　张一夫

西南交通大学出版社
·成　都·

图书在版编目（CIP）数据

老龄直升机维护技术与应用／王强主编. —成都：
西南交通大学出版社，2018.11
ISBN 978-7-5643-6568-4

Ⅰ. ①老… Ⅱ. ①王… Ⅲ. ①直升机 – 维修 – 研究
Ⅳ. ①V275

中国版本图书馆 CIP 数据核字（2018）第 255719 号

老龄直升机维护技术与应用

主编　王　强

责任编辑　孟苏成
封面设计　何东琳设计工作室

出版发行　西南交通大学出版社
　　　　　（四川省成都市金牛区二环路北一段 111 号
　　　　　西南交通大学创新大厦 21 楼）
邮政编码　610031
发行部电话　028-87600564　　　028-87600533
网址　　　http://www.xnjdcbs.com
印刷　　　成都中永印务有限责任公司

成品尺寸　210 mm×285 mm
印张　　　12.75
字数　　　376 千
版次　　　2018 年 11 月第 1 版
印次　　　2018 年 11 月第 1 次
书号　　　ISBN 978-7-5643-6568-4
定价　　　59.00 元

前　言

中国民用航空飞行学院作为国内较早开展直升机飞行执照培训的单位，其中使用时间较长的 BELL206BⅢ型直升机已运行 30 余年，成为名副其实的"超老龄直升机"。目前，进入老龄阶段的 BELL206BⅢ型直升机故障率显著增多，老龄化较为突出，极大降低了该型直升机的安全裕度，隐患较大，严重影响着该型直升机的飞行训练安全。如何进一步加强老龄直升机的结构检查与维修，确保老龄直升机的运行安全，全面提升老龄直升机的维修技术与管理水平，是直升机维护人员面临的一项重要课题。

本书根据直升机的结构特点，分别按照机身系统、旋翼系统、尾桨系统、动力传动系统、起落架系统、操纵系统、液压系统、动力装置以及电气系统所存在的金属腐蚀、疲劳，非金属老化等状况逐一进行了全面、系统的阐述，并对一些典型故障进行了深入的剖析；针对老龄直升机普遍存在的机体、旋翼系统振动进行了较为详细的分析，并给出了具体的减振技术与措施。

本书可作为高等院校"直升机维修与工程"课程的教材或参考书，也可供航空工厂、直升机研究所、部队及通航各企事业单位从事直升机制造、使用、维护及管理工作的工程技术人员学习使用。

全书共计 13 章，第 1、4、5、8、9 章由王强编写，第 2 章由苟江编写，第 3、6 章由刘玉科编写，第 7、11 章由邵航军编写，第 10 章由周小猗编写，第 12 章由巴文亮（活塞发动机部分）、黄轲（涡轴发动机部分）编写，第 13 章由张一夫编写。全书由王强担任主编并统稿。

本书在编写过程中得到了彭超、万军、王凯、米银昌、董子龙等专家的指导和把关，在此深表感谢。

由于编者水平所限，书中难免存在疏漏及不足之处，恳请各位专家和读者批评指正。

编　者

2018 年 07 月

目　录

第1章 绪 论

1.1 概 述

国际上通常将运行使用时间达到 14 年或以上的民用航空器定义为老龄飞机。而直升机作为一种特殊的航空器，其操纵性与稳定性与固定翼飞机相比有着质的差异。据统计，直升机的事故率通常是航线固定翼飞机的 5~6 倍，飞行寿命也明显低于固定翼飞机。随着直升机使用时间、起落次数以及飞行小时数的增加，机体结构、系统长期受内外交变载荷与环境应力等多种因素的影响，直升机部件会产生不同形式的损伤和老化，使得直升机的故障率上升，可靠性下降，逐渐进入"老龄化"。进入了老龄阶段的直升机耗损性故障明显增多，极大降低了直升机的安全裕度，安全隐患较大。

目前，国内外针对老龄直升机维修保障方面的研究较少，在国内属于刚刚起步阶段。随着国内通航企业的大发展，直升机的保有量连年递增，国内直升机引进数量和使用年限不断增加，越来越多的直升机即将进入老龄化阶段。近年来，国内发生了多起老龄直升机的严重安全隐患和事故征候。进一步加强老龄直升机的维修保障能力，预防多发性、危险性等老龄直升机特有的典型故障，全面提升老龄直升机的维修技术与管理水平，是直升机维护人员面临的一项重要课题。

1.1.1 腐蚀/老化对老龄直升机结构/强度的影响

直升机具有较强的悬停以及低空飞行性能，使得其经常在恶劣的环境下使用。直升机结构复杂、传动系统较长、旋转部件较多，其承受交变载荷的零部件众多，这些典型的结构特征也决定了直升机产生故障的概率较高，进入老龄化阶段的直升机，发生故障的概率更大。老龄非金属材料会发生老化，从而产生结构的腐蚀/老化损伤。

直升机上绝大部分的结构件和设备都是由金属材料制成，直升机在停放环境、飞行时的空中环境、使用维护环境以及日历时间的共同作用下，金属材料会产生不同程度的腐蚀，如铁及其合金在氧气和水的作用下形成红褐色的"铁锈"，铜及其合金表面会形成绿色的"铜锈"，在锌和锌镀层、镁及其合金表面会形成"白霜"等。直升机的结构多数是由隔框和蒙皮以铆接方式进行固定，蒙皮的覆盖方式为上压下、前压后，该结构特点极易被潮湿的空气和水分侵入，随着使用时间的增加，在隔框或蒙皮某些水分不易散发的部位极易出现腐蚀。

在直升机上大量的非金属材料被使用，如塑料、橡胶、丙烯酸玻璃等。而这些非金属材料在日照或高温环境下容易老化。直升机的座舱风挡制作材料通常为丙烯酸玻璃，在较强的日照下，丙烯酸玻璃极易出现银纹，出现折光现象，使得其透光率大大降低。另外，发动机燃油、滑油导管，各种密封圈、封严，电气线路的绝缘部分经过长期的使用，均会出现老化现象。电气线路绝缘部分老化可能造成线路短路、甚至断路，严重的可导致整机断电，而燃油、滑油导管老化则可能造成油液渗漏的现象发生。

据统计，在经历一定的使用年限后，直升机的结构腐蚀/老化损伤频繁出现，随着直升机使用年限的增加，机体结构、系统长期受内外交变载荷与环境应力等多种因素的影响，腐蚀/老化损伤呈现较快的发展趋势，即腐蚀部位增加，腐蚀程度加剧，严重影响着老龄直升机的飞行安全。

1.1.2　疲劳/磨损对老龄直升机结构/强度的影响

　　直升机在长期的使用过程中，机体及其他的金属零部件不断受到拉、压、弯、扭应力的作用，产生疲劳或裂纹。由于老龄直升机的使用日历年限较长，使得某些对振动比较敏感的结构件极易发生疲劳损坏。

　　由于直升机结构复杂，容易产生疲劳的结构件或部位较多，概括如下：

　　（1）温度变化较大或分布不均匀的部位。如装有活塞式发动机的直升机，其排气系统在工作中将产生较大的热应力，且排气管的热交换器区域温度较高，各部位受热不均匀，极易造成热腐蚀。

　　（2）承受应力较大的部件或区域。特别是在焊缝及尖角部位，容易引起应力集中，产生疲劳裂纹。如桨叶的根部、发动机架支撑管等。

　　（3）承受较大交变载荷的部件或区域。该部件或区域在长期交变载荷的影响下，材料将产生疲劳，导致强度急剧降低。如Schweizer269直升机下部皮带轮支撑杆、操纵系统推拉杆等。

　　直升机的旋转部件以及活动关节较多，凡有相对运动的部件都会产生磨损，特别是运动部件的轴承，如旋翼/尾桨变距拉杆两端的轴承、尾桨传动轴两端的传动套齿等。容易产生磨损的部位主要有旋翼刹车操纵钢索以及操纵系统各推拉杆、摇臂以及与之相连的部位等。此外，装有活塞式发动机的直升机，其发动机区域较小，燃油、滑油管路安装空间狭小，加之直升机本身振动较大，极易造成各管路之间互相摩擦。

1.1.3　老龄直升机结构腐蚀/老化控制的重要性

　　结构腐蚀/老化损伤对老龄直升机的使用安全、出勤率以及经济性均有重大危害。腐蚀/老化损伤均会影响直升机结构的完整性，特别是影响结构的耐久性、损伤容限特性。腐蚀与载荷的共同作用会加剧结构的疲劳损伤，降低结构的使用寿命、检查周期和剩余强度；腐蚀损伤严重的构件可能产生功能失效或由于不可修复而报废；为修复腐蚀而必须进行的翻修或外场修理不仅增加了修复费用，而且会明显影响直升机的出勤率。

　　为尽可能地避免或控制直升机结构的腐蚀/老化损伤，降低腐蚀/老化对结构使用寿命的影响，以保证直升机结构在规定的使用寿命（包含疲劳寿命与日历寿命）中满足结构腐蚀/老化控制要求，必须全面、系统地采用行之有效的结构腐蚀/老化控制技术，在使用和维护全过程中实施直升机结构的腐蚀/老化控制，这对老龄直升机在使用寿命期内确保使用安全、提高出勤率和降低维修费用具有十分重要的意义。

1.1.4　老龄直升机的维护措施

　　国内某通航使用30余年的老龄直升机近年来在使用和维修过程中出现尾梁断裂，滑橇断裂，发动机涡轮静子叶片腐蚀，主减速器A型支架加强肋严重腐蚀，燃油、滑油导管老化渗油等典型的老龄化故障，严重影响该机的飞行安全，加强老龄直升机的结构维修和预防检查，确保老龄直升机运行的安全性和可靠性越来越受到各方面的关注。

1．严格控制老龄直升机的使用率

直升机进入老龄阶段后，故障率明显增加，严格控制老龄直升机的使用率，合理制订维修计划是减少故障发生率的有效措施。直升机的起落次数、载重情况、连续飞行时间等因素对直升机的结构寿命均有一定的影响。如直升机连续飞行时间越长，机件的热负荷、动力负荷就越大，极易导致机件出现扭曲、变形，甚至断裂事件发生。

2．限制老龄直升机的使用环境

恶劣的天气环境对老龄直升机的结构腐蚀、疲劳均有较大影响，如潮湿的灰尘附着在机体表面，易形成局部的环境腐蚀。应严格限制老龄直升机的使用环境，尽量避免在雨、雪、扬尘以及风沙天气中飞行，可有效保障老龄直升机的飞行安全。

3．开展预防性维修

老龄直升机的故障频发，机体腐蚀、疲劳、磨损等状况较为严重，开展老龄直升机预防性维修，对于磨损较严重的部附件，应提前做好预防性检查，及时更换磨损超标或受损部件，同时，对老龄直升机易出现腐蚀、磨损，受力集中的部附件应重点检查和维护。

1.2　老龄直升机维修总体技术途径

针对老龄直升机在使用后期所出现的腐蚀/老化与疲劳、磨损等状况，并根据直升机的运行特点和使用环境，为保持老龄直升机的结构完整性和持续适航性，其总体控制技术途径大致包括以下几部分：

（1）根据老龄直升机结构特点进行防腐控制，降低腐蚀来源，改善局部环境，提高老龄直升机机体结构的抗腐蚀/老化能力。

（2）对老龄直升机各关键系统进行重新评估，增加检查项目与检查深度，优化老龄直升机维修检查大纲（方案）。

（3）针对老龄直升机的电气系统故障/失效、导线老化等方面进行深入研究，提高老龄直升机电气系统工作的可靠性。

（4）根据老龄直升机非金属件（塑料件、透明件）的老化特点，合理制订老龄直升机的维护、检查措施以及更换件周期，保障老龄直升机的使用安全。

（5）直升机上的复合材料使用广泛，不可避免地存在擦伤、破损等状况，应合理制订复合材料的检查、修复措施，提高老龄直升机复合材料使用的耐久性。

1.3　本书包括的主要内容

通过对老龄直升机普遍存在的腐蚀/老化、疲劳/磨损等状况进行较为深入的研究，旨在提高国内老龄直升机的腐蚀/疲劳的控制水平，进一步提高老龄直升机的维护技术，保障老龄直升机的飞行安全。本书对老龄直升机各系统的结构特点、典型故障以及预防措施进行了详细的阐述，主要包括以下内容：

（1）老龄直升机金属件的腐蚀/疲劳与控制。

（2）老龄直升机非金属件的老化与控制。

（3）老龄直升机主旋翼、尾桨系统维护。

（4）老龄直升机飞行操纵系统维护。

（5）老龄直升机液压系统维护。

（6）老龄直升机机体的维护。

（7）老龄直升机传动系统的维护。

（8）老龄直升机起落架系统的维护。

（9）老龄直升机动力装置的维护。

（10）老龄直升机的振动与减振技术。

（11）老龄直升机电气系统的维护。

第 2 章　老龄直升机金属件的腐蚀控制

2.1　概　述

现代直升机使用的材料主要由金属和复合材料组成，其中金属材料占大多数，直升机机体、动力装置、动力传动系统、旋翼、尾桨、起落架等主要部件，均大量采用了金属材料。这些材料中又以铝合金、镁合金为主，同时有选择地使用了合金钢、不锈钢、钛合金等金属材料。随着直升机机龄的增长，日历时间、飞行时间、起落次数的不断累积，直升机不可避免地出现老化，特别体现在金属的疲劳和腐蚀方面。在正常寿命内的直升机，机体和各部件的金属尚在疲劳极限内，但随着金属腐蚀持续不断地发展，金属的疲劳和腐蚀会相互促进，加速结构的损伤。因此，为了保证老龄直升机的完整性、可靠性、安全性，维持直升机的适航性，腐蚀和疲劳检查和控制成为老龄直升机维修中的重要内容。本章将具体讨论老龄直升机金属件的腐蚀特点、腐蚀的危害、腐蚀的分类、腐蚀检测、清除方法，同时也将讨论预防性维护和腐蚀控制技术。

金属材料因受到周围介质的作用而损坏，称为金属腐蚀。腐蚀时，金属界面发生化学反应或者电化学多相反应，金属转变为离子状态被氧化，从而降低金属材料的强度、韧性、塑性，改变金属的几何形状和尺寸，缩短部件寿命。

金属疲劳是指材料、零构件在循环应力或循环应变的作用下，在一处或几处逐渐产生局部永久性累积损伤，经一定循环次数后产生裂纹或突然发生完全断裂的过程。当材料和结构受到多次重复变化载荷作用，应力值虽然始终没有超出材料的强度极限，甚至在比弹性极限低的情况下就可产生破坏，这种在交变载荷重复作用下材料和结构的破坏现象，叫金属的疲劳破坏。

2.2　老龄直升机金属件的腐蚀与疲劳特点

长期服役的老龄直升机随着时间的增加，其金属部件中腐蚀和疲劳问题逐渐显现，并加快发展，其特点与一般定翼机相似。但由于直升机工作的环境、工作原理、机构等与定翼机有所差异，其腐蚀疲劳又有其显著的特点。

直升机广泛地使用在医疗救护、海上平台运输、摄影、护林、农药喷洒、电力巡查等领域，其工作环境复杂，多数可能长期直接接触强腐蚀性物质。首先，直升机飞行作业高度普遍较低，始终暴露在接近地面的污染大气中，我国环境污染目前并没有得到有效控制，工业废气的排放使空气中的有害介质含量较高，长期处于这样恶劣环境的直升机结构的腐蚀必然加快，特别是在沿海地区或者内陆潮湿地区，高盐分的潮湿空气对直升机金属结构的腐蚀更为严重。在作业的过程中，作为农用的直升机会直接接触如杀虫剂、农药等高危腐蚀物质，而由于野外作业条件限制，很难严格按照厂家的要求进行及时清洗处理，即使进行了清洁，也不能将进入机体内部或者难于接近的死角区域内的残留有害物清除，随着时间的积累，这些部位将出现明显的腐蚀，而且腐蚀速度惊人，如图 2.1 所示。

图 2.1　长期从事农药喷洒直升机的滑橇腐蚀

　　直升机高速旋转承力部件多，相对于固定翼飞机，直升机振动明显，机体和各重要部件长期处于振动的环境中。随着使用时间的增加，金属材料的机械性能将逐渐衰变，内应力增大，在高频周期力和力矩的重复作用下，逐渐疲劳，极易发生腐蚀疲劳和腐蚀开裂现象。

　　在长期是使用过程中，老龄直升机正常都会经历多次定检、修理、大修，由于修理水平，设备设施和人员素质等条件的限制，往往经过大修后的直升机，其部附件以及结构的安装恢复，防腐处理、防腐安装、防腐加工达不到飞机出厂时的水平，从而造成老龄飞机的腐蚀问题日积月累，部分机构件得不到复原。尤其对那些因设计人员没有考虑到、意识到腐蚀问题的部位，定检大修时往往无法靠近检查，也无法维修，其腐蚀破坏的程度将随着时间的推移逐渐加重，直至失效。

2.2.1　常见的金属腐蚀剂

　　对直升机机体产生腐蚀损伤的常见腐蚀剂如下：

　　（1）酸：硫酸（电瓶酸），氢酸（氢氯酸、氢氟酸、氢溴酸）和有机酸，这几类物质对直升机最具破坏性。

　　（2）碱：洗涤苏打、钾碱（木灰）、石灰（水泥灰尘）和一些家庭清洁剂对铝合金有特别强的腐蚀能力。

　　（3）盐：大多数的盐和它们的溶液都是好的电解质，会促进不同金属的腐蚀。

　　（4）空气：空气中的氧和水蒸气，工业废气中氧硫化合物和水蒸气，工业废气中的盐粒或者饱和盐水滴（盐化的水蒸气）全都是好的电解质，促进金属腐蚀。

　　（5）水：水产生腐蚀的能力由其溶解的无机物，有机物杂质，气体（特别是氧气）的种类和数量，以及别的如温度和速度等因素决定，甚至蒸馏水都能促进腐蚀。

　　（6）微生物：当被水、金属氧化物或无机盐污染时，微生物（在喷气燃油中）生成的泥污具有很强的腐蚀力。

　　（7）废气：特别是来自高含量辛烷的航空汽油的废气，具有腐蚀性。

2.2.2　金属腐蚀的形式

　　金属腐蚀有两种基本腐蚀形式：均匀的腐蚀和局部腐蚀。它们可能单独发生或彼此结合，同时发生。

1．均匀腐蚀

这种腐蚀形式通常均匀地在一个较大区域扩展，且整个受影响表面的区域上，腐蚀速度近乎相等。均匀腐蚀由直接化学腐蚀或电化学腐蚀产生。直接化学腐蚀的典型例子是金属表面与空气中的氯或硫化物、氧气或水蒸气反应。均匀腐蚀损伤程度可通过比较被腐蚀的金属厚度与未被腐蚀的样本厚度来确定。

2．局部腐蚀

局部腐蚀可分成两种类型，凹坑腐蚀和选择性腐蚀，局部腐蚀区域通常好确定，且通常是自然的电化学腐蚀。

1）凹坑腐蚀

这种腐蚀类型在很小的区域发生，同时别的区域却不受影响。凹坑腐蚀的明显特点就是它们有短且容易界定的带壁边缘；边缘壁几乎垂直于金属表面移动。凹坑深深透入，此种危害比大量的金属消耗还大。在没有保护的金属上，水气，酸、碱、盐溶液与金属发生化学反应，通过电流作用或浓差电池形成凹坑。电流作用是电解质（含盐空气凝结物）与合金中存在的不同金属反应的结果。而浓差电池则是在溶解液（电解质）中溶解的氧和金属离子浓度改变导致的结果。凹坑腐蚀的另外两种类型是裂缝腐蚀和沉淀侵蚀。裂缝腐蚀发生在有电解质作诱导的两种材料间，这两种材料，是可同，可不同的金属或非金属。在两种材料间的狭窄缝隙内，有关物质的移动受到阻滞，形成了浓差电池，从而产生了的局部腐蚀。沉淀腐蚀发生在当浓差电池处于潮湿金属表面处的不连续外来物质的沉淀上或附近（图 2.2 所示为铝合金表面凹坑腐蚀）。

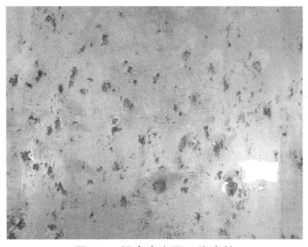

图 2.2　铝合金表面凹坑腐蚀

2）选择性腐蚀

此种腐蚀形式选择—种合金的特殊相位或成分而忽略别的条件。选择性腐蚀的不同形式有晶界腐蚀、片状剥落腐蚀（如图 2.3 所示）、焊缝腐蚀和丝状腐蚀。晶界腐蚀位于晶界颗粒的边界中央，颗粒之间的材料首先被消耗，紧接着腐蚀颗粒本身。片状剥落腐蚀的特点是在金属腐蚀的部分出现片状剥落，并且腐蚀膨胀出的部位静强度降低，片状剥落腐蚀通常发生在因金属晶界颗粒伸长而被挤出的部分上。焊缝腐蚀发生在因对焊缝附近做了不适当的热处理而产生不同的金属相位时，在不利的大气条件下，这些相位中的一个可被有选择地受到腐蚀。丝状腐蚀外表像磨损的腐蚀，通常在飞机蒙皮的漆层下被检测出。

图 2.3　片状剥落腐蚀

2.2.3　腐蚀和机械因素

　　机械因素，诸如残渣、静态或周期应力、浸蚀或拙劣的热处理等，常常会加重腐蚀。由机械因素产生的腐蚀形式是应力腐蚀、疲劳腐蚀和磨损腐蚀。应力腐蚀裂缝损伤是由持续的应力和同时具有的腐蚀环境一并作用产生的，它可能位于晶界（在晶粒间）或晶粒内部（穿过颗粒）。

　　疲劳腐蚀是由同时受到周期性应力和腐蚀侵袭时而产生。周期性的应力能使保护膜裂开，从而让腐蚀剂侵袭未被保护的金属。腐蚀坑出现后，随着深度增加，金属变得脆弱以致裂开，如图 2.4 所示。磨损腐蚀是由机械磨损与化学腐蚀结合产生。磨损腐蚀发生于两个受力较大的表面接触在一起，并产生轻微的移动，而产生的机械磨损处。当腐蚀剂接触到被损伤的区域时，即可产生磨损腐蚀。

图 2.4　某型直升机滚转隔框加强肋金属疲劳腐蚀

2.3　金属结构件腐蚀与疲劳的危害

　　直升机在使用过程中，其金属结构材料长期暴露于空气中，并因其接触恶劣环境中腐蚀介质，不可避免地会发生腐蚀。同时，在飞机寿命增加、飞行时间增加、起落次数累积以及直升机振动等因素作用下，直升机结构和金属部件，不断受到周期性应力和力矩作用，金属疲劳也会逐步出现。

当腐蚀与疲劳发生并相互作用，金属材料的强度、韧性、塑性等机械性能不断降低，几何形状和尺寸改变，影响其结构静强度、动强度、耐久性、损伤容限等，缩短部件寿命。

　　腐蚀和疲劳对飞机的使用安全、完整性、适航性、出机率以及经济性都有重大危害。腐蚀老化损伤和金属疲劳的共同作用会影响结构的完整性，特别是影响结构的耐久性、损伤容限特性，降低结构的使用寿命、检查周期和剩余强度。发现腐蚀和疲劳损伤时，必须进行适当的修理，不仅增加了维修费用，而且会增加停场时间，明显影响飞机的出机率，直接影响其经济性。如果腐蚀和疲劳进一步发展，损伤严重的结构和部件可能产生功能失效或由于不可修复而报废，如果没有及时发现，则会成为危及飞行安全的重要危险源，严重时，造成飞行不安全事件甚至飞行事故的发生，对生命财产安全造成重大损失。

　　2010 年，国内某通航公司的直升机飞行中出现振动，并且在数分钟内，振动明显增大。机组随即着陆检查，发现尾梁后部出现裂纹，裂纹长度达 30 cm。经断口分析，确定尾梁铆钉处疲劳腐蚀，出现裂纹后，未及时查出，飞行中由于尾桨的振动度大，裂纹迅速发展。直升机尾梁疲劳腐蚀裂纹损伤详见图 2.5 所示。

图 2.5　某型直升机尾梁疲劳腐蚀裂纹损伤

2.4　金属结构件腐蚀与疲劳的检查方法

2.4.1　金属腐蚀和疲劳检测方法

　　金属腐蚀和疲劳检测最可靠的方法是在定期目视检查的基础上，综合应用其他检查手段，诸如磁力探测、X 射线检查、着色渗透检查和超声波检查。通过这几种检测方法，能探测到金属内部的裂纹、裂缝，结合目视检查、从而确定金属损伤的程度。

1．目视检查

　　目视检查能直接确定金属裂纹、变形、磨损，也能揭示几种腐蚀侵袭的迹象。诸如很小的局部变色，保护膜起泡，叠层关节鼓出。目视检查应借用光学仪器辅助（有利于视觉的辅助设备），如 3 ～ 10 倍放大镜和适当的照明设备，在不方便的地方，使用镜子和管道镜。

2．磁力探测

　　磁力探测可以用于检查铁磁金属表面附近的裂缝、裂纹。此方法的使用限于下列方面：

（1）可用于仅当零件能被磁化时。

（2）零件应从直升机上拆下，因为所产生的磁场将影响电子设备的工作。

（3）零件在装到直升机上前必须退磁。

3．X 射线检查

X 射线检查是通过用 X 射线穿过零件且在胶片上记录结果来完成。这种方法主要的缺点是设备的花费大，所占位置大。

4．着色渗透检查

着色渗透检查可以用于检测较大的应力腐蚀或非铁金属里的疲劳裂纹。液体着色剂被涂于金属表面，然后进入裂纹和裂缝。在着色剂被吸收后，清除多余的着色剂。在表面涂显像剂。裂纹和裂缝的大小通过显像剂吸回表面的着色剂量来显示。

2.4.2　不同金属表面的检查方法

下面列出几种部位的常用检查方法：

1．油漆表面

在初期，在油漆下的腐蚀很难被探测到。然而，在严重地损坏底层金属之前，腐蚀通常会导致油漆涂层起泡，产生鳞屑、碎片，或出现其他的不规则情况。油漆或底漆表面应检查是否有变色、光泽恶化及其他不正常现象。应特别注意搭接接头、接缝、紧固件头和黏合接头的边缘。当在油漆涂层上发现裂缝时，需要进一步研究，以确定金属是否有损伤。

2．密封的接缝

密封胶、黏合剂和垫圈通常用来防止潮气或其他液体进入接头和接缝。这些区域是腐蚀的潜在发生处，必须定期确定密封的完整性。

（1）目视检查。检查密封剂缺失和密封剂裂缝的区域，寻找从关节处渗出的水的痕迹。

（2）轻敲。用硬币的边缘轻轻敲击可疑区域，如果出现声音的变化可能表明密封中出现中空。

（3）防水密封性。在可能的情况下，清洗和冲洗直升机后，检查内部区域是否有密封泄漏的迹象。

（4）排泄检查。检查排水管和排泄孔，以防止弯折或堵塞，这可能会妨碍正常排泄。

3．未做喷涂的表面

直升机的有些表面并没有做喷涂。一些合金，如不锈钢、钛合金与碳钢和铝相比，不容易受到腐蚀，通常也无须保护涂层。其他部件，因其功能所限也未做喷涂。这些零件由镀镉（钢）、阳极氧化（铝）、其他表面处理或防腐剂进行保护。

2.4.3　不同金属表面上的腐蚀类型

（1）铝合金。受表面点蚀、粒间腐蚀和剥落腐蚀攻击，其产物通常是灰色或白色粉末。

（2）钢（光）。受表面氧化、点蚀和晶间腐蚀后，产品有红棕色（锈色）。

（3）钢（喷涂或镀镉）。如镉腐蚀，将形成白色粉状产物。如果去掉大面积的镉，铁锈就会变得明显。涂层上的锈斑通常表示涂层下的钢有腐蚀或点蚀。

（4）镁。易受点蚀攻击，形成白色粉状产品。

（5）不锈钢。当出现氯化物时，不锈钢可能会被点蚀。一些红色、棕色或黑色的污点可能显现。

2.5　腐蚀损伤的评估分类

老龄直升机应进行充分的腐蚀检查，随机、临时、孤立的检查并不能达到预期效果。通过建立良好的检查计划和检查清单，按计划严格实施各检查项目，以确保没有易感区域被忽视。在每一次例行检查中，应彻底检查部件的腐蚀迹象，并根据直升机工作环境，进行额外的腐蚀检查。检查不应局限于外部或容易进入的区域，而必须包括所有腐蚀可能发生的区域，特别是那些已知的保护性抛光面容易缺损或损伤的区域。如果在检查和清洁中观察到有腐蚀，那必须完成对损伤的评估分类，以确定腐蚀损伤程度和修理方案。通常，按照腐蚀损伤程度，将腐蚀损伤分为以下 3 类：

1．轻度腐蚀

轻度腐蚀的特点是变色或者起坑，但最大深度为 0.001 英寸（1 英寸 = 2.54 cm），通常轻轻用手工打磨或小范围的化学处理来清除。

2．中度腐蚀

中度腐蚀的特点是除了有一些水泡或鳞状物和脱落现象外，表面其他特点类似于轻度腐蚀，但凹坑深度不能超过 0.010 英寸。一般程度的腐蚀通过大面积手砂或机械砂磨来清除。

3．严重腐蚀

严重的腐蚀外观类似于中度腐蚀，只是伴有更严重的起泡、剥落和起鳞状物或脱屑，且凹坑深度将超过 0.010 英寸。严重腐蚀通常用大范围的机器砂磨或打磨来清除，首先应确定清除区域腐蚀程度，然后用深度测量仪测量损伤的深度。如果腐蚀是在先前修复过的区域，那么测量值必须包括先前清除掉的材料。超过了清除极限，此部件必须更换。

2.6　腐蚀的移除

2.6.1　金属表面腐蚀物的移除方法

直升机上，金属表面腐蚀物的清除有两种主要方法：机械去除法和化学去除法。去除方法的选择，应综合考虑所涉及的合金、腐蚀损害的深度和表面的功能等。这两种方法可以单独使用或者组合使用，但必须选用最温和的方法除去腐蚀产物和已损伤的金属，防止对部件造成额外的伤害。

1. 机械去除法

机械去除法包括手工打磨和机械打磨两种。手工打磨是用砂纸和金属丝绒打磨去除腐蚀产物，机械打磨或抛光是用磨料、磨轮、刮刀、喷砂去除腐蚀物。

直升机上，进行金属腐蚀物去除时，可以单独使用机械方法，去除腐蚀产物和变质金属。然而，在通常情况下，最好遵循先机械后化学方法进行处理，这将有助于确定是否所有的腐蚀产物都被清除了。下面依据对部件的潜在损伤增加程度，依次列出各种机械处理方法：

（1）手砂。尼龙网。

（2）手砂。研磨纸。

（3）珩磨。细石。

（4）玻璃珠清洗。

（5）钢丝刷。

（6）机械刮刀。

（7）喷砂。

2. 化学去除法

化学去除法有化学除锈法、化学脱漆法。化学除锈法适用于在飞机上可控制化学除锈液流散的部位以及去除腐蚀产物的区域可以用水彻底清洗的部位。飞机上拆下来的零件，用化学除锈法最合适。对于不可离位修理的铝合金部件，使用化学方法去除腐蚀产物时，要格外小心，并按要求及时清洗。不同金属有特定的化学除锈剂，在进行化学除锈时应谨慎选用，防止损伤金属。

化学脱漆剂去除机体表面的面漆和底漆，使用过程中应避免对机体结构产生二次污染或腐蚀。

化学处理法可以单独使用，以去除某些表面的轻度腐蚀产物。通常应该与机械方法结合使用，以确保所有的腐蚀产物都已被清除。

（1）铝、钢和不锈钢应使用酒精性硼酸进行处理。

溶液浓度：按体积 1 份酒精性硼酸兑 3 份水。

溶液温度：环境温度。

处理时间：5～30 min，反复几次涂刷。

（2）镁合金必须用铬酸溶液来处理。

溶液浓度：1 加仑（1 加仑 = 3.785 升）水中兑 1 磅（1 磅 = 0.453 6 千克）的铬酸。

溶液温度：环境温度至 160 °F。

处理时间：依据去除腐蚀产物的需要而定。

2.6.2　均匀过渡和流线型处理

所有因腐蚀修复造成的凹坑，必须进行处理，使之与周围的表面成流线型，平稳过渡，同时选择适当的砂纸，清除所有腐蚀和被损伤区域的粗糙边缘，通过打磨，使修理后的表面具有与原件一样的表面抛光。所有倾斜下降的凹部都应是主轴与纵向一致的椭圆。在有多个凹坑挨近的区域，应清除多个坑间的材料，使表面的不规则度减到最小。图 2.6 所示为匀过渡和流线型处理示意图。

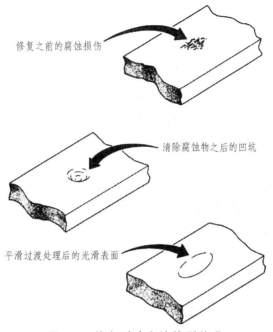

修复之前的腐蚀损伤

清除腐蚀物之后的凹坑

平滑过渡处理后的光滑表面

图 2.6　均匀过渡和流线型处理

2.6.3　部件表面腐蚀的评估

对表面腐蚀部件的评估必须在修理前后进行，以确定受影响区域的损害程度、大小和位置以及受损区域的数量。根据评估结果确定修理方案，通常按照腐蚀损伤的程度将修理分为 3 级，简易维护、补强修理和换件修理。其中简易维护是指金属结构存在损伤但未超出修理容限，不需要做任何补强修理，仅作简单防护处理，一般在外场修理和维护中即可完成。而当损伤深度超过原材料厚度 10%时，通常需要进行补强修理。

2.6.4　重新抛光处理

如果没有得到适当的保护，已经去除有腐蚀的表面很容易受到进一步腐蚀。因此，所有被认为是可修复使用的部件，必须在腐蚀拆除后尽快重新完成表面抛光保护，或者在重新涂漆之前，使用石油、油脂或防蚀剂来保护表面。

2.6.5　腐蚀去除程序

下面是依据合金的类型，去除腐蚀产物和变质金属的程序。

1. 铝的表面

（1）从受影响的区域除漆。
（2）轻度表面侵蚀（丝状、浅坑和一般腐蚀）用尼龙网或细砂纸将腐蚀产品去除。中度至重度腐蚀（深坑、颗粒间攻击等）用手打磨、刮擦或玻璃珠清洗来消除可见的伤害。

（3）用溶剂或清洁剂除去砂渣。

（4）根据需要进行化学处理。

（5）洗净，干燥。

（6）评估表面损伤程度。

（7）轻度表面侵蚀重新进行表面抛光保护。中度至重度腐蚀，抛光并将重新加工的区域平滑过渡到周围的表面。如果原始表面被阳极化或硬阳极化，平滑过渡的区域要最小。

2．钢的表面

（1）镀镉的钢表面和有油漆的钢表面。直升机上大部分钢部件都是镀镉的，因此，当腐蚀被移除操作时，应采取屏蔽或其他方式的保护措施，保护相邻的镀层。

① 用手砂、玻璃珠清洗或喷砂清理腐蚀产物。

② 应用化学处理。

③ 洗净，干燥。

④ 评估表面损伤程度。

⑤ 打磨表面使之平滑过渡并融入周围。

⑥ 最终表面抛光保护。

（2）未电镀和未涂漆的钢表面。在这些表面上不需要最终防护处理。但是，如果在安装前储存，必须用石油或防蚀剂保护表面。

（3）不锈钢。原来镀镉的不锈钢表面必须采用相同的镀层进行处理。腐蚀物应通过手工打磨或钢丝刷从表面去除。如果先前不锈钢表面进行了最终保护处理，那必须重新进行处理保护。

3．镁的表面

（1）用少量肥皂和干净新鲜水混合的溶液，清洗受影响的区域。用清亮水冲洗区域并用干净柔软的无毛亚麻布擦干。

（2）用清洁剂除去任何损伤表面上的油脂。

（3）用手磨砂或玻璃珠清洗去除腐蚀产物。

（4）根据需要使用铬酸进行化学处理。

（5）洗净，干燥。

（6）评估修复加工的区域。

（7）抛光打磨，使修复区域平滑过渡到周围的表面。

（8）在 24 h 内完成最终表面处理，或用油、防蚀剂保护。

2.7　金属表面的重新喷涂

在重新加工的部件上恢复保护漆是非常重要的，以便持续为金属提供保护。在恢复保护漆时，所使用的程序和材料必须提供与原漆相同的腐蚀防护。下面列出各类金属进行喷涂恢复的一般要求：

1．铝

所有经过加工修理的铝表面必须进行化学膜处理。

（1）任何被刮伤或擦伤的表面都应该进行新的化学膜处理。

（2）任何需要重新涂漆的表面都必须在喷涂前给予新的化学膜处理。

（3）原先没有进行喷漆而仅进行阳极化处理的表面，**修理加工后**，只要修理加工的面积不超过0.5 平方英寸，可以只用化学膜处理。否则，给表面涂上一层化学膜处理后，必须再涂上一层底漆和一层面漆。

2. 钢

原先进行了电镀或涂层处理的钢表面，都必须进行重新喷涂抛光处理。

（1）镀镉钢表面。

① 镀镉的钢表面，如果磨损或经修理加工后，**应该用刷镀重新抛光**。

② 当不使用刷镀镉时，表面必须涂上最少两层环氧底漆。

③ 如果表面最初是电镀和涂漆的，**必须在电镀后重新涂漆**。

（2）先前没有做镀层的钢。

① 那些在油脂或油中工作的表面不需要重新进行表面处理。但是，在用石油或防腐剂进行组装之前，它们必须得到保护。

② 所有表面先前涂有固体膜润滑剂的表面必须**重新涂装**。

③ 所有最初涂漆的表面都必须重新涂漆。

（3）不锈钢表面。

出于对零件或对不同金属接合面的保护，如果不锈钢部件表面先前被电镀、涂漆，那在这些部位进行修理加工后，必须进行表面处理，还原先前的**保护层**。

① 镀镉的部分，和钢零件一样，进行电镀或刷镀。

② 喷漆的部件，应使用底漆和面漆进行喷涂。

3. 镁

所有经过修理加工的镁表面，必须进行处理。任何做过喷漆的表面都必须在可行的情况下尽快重新喷漆，最好是在处理后 24 h 内完成。其他所有表面必须在装配前用石油或防腐剂进行保护。

4. 钛

钛表面必须在装配前重新涂漆。

2.8 金属结构件腐蚀与疲劳的预防措施

金属结构件腐蚀和疲劳控制最好的手段是建立一套有效的预防维护程序，预防性维护包括检查、清洁和保护性表面的维护。

2.8.1 金属构件的检查

金属构件及其表面，由于其位置、功能或配置，**使用过程中不可避免地存在磨损和老化等损伤**，其保护层的完好有效程度与金属的腐蚀损伤直接相关。必须在尽可能早的时间内检测到金属损伤，以及腐蚀保护层的缺损和随之而来的腐蚀，并及时开始采取相应的措施，将损失减少到最小，防止损伤扩大，影响直升机的安全性。

通常对直升机来说，完整的检查程序包括日常目视检查和定期检查两种。日常目视检查可以在没有任何拆卸的情况下完成，推荐建立目视检查程序，程序应包括检查项目、部位、检查重点等。在新环境下或使用新型直升机时，应使用严格的检查程序。在最恶劣的腐蚀环境中，应每天进行检查。根据经验确定检查周期的延长，可以延长至每周或每月的检查周期。定期检查通常要求拆卸直升机，通常这些检查应包括在定期的 100 小时或 90 天程序中进行。执行这些检查程序时，应打开所有检查窗口，尽可能通过各种手段检查能够到达的所有部位，特别是平时处于封闭的空间区域。类似地，100 小时或 90 天检查的检查间隔可能会减少或延长。一个好的控制程序应能在严重的损伤或腐蚀破坏之前，发现缺陷并予以纠正，而所需的检查次数最少；然而，由于直升机工作环境复杂，用途多样，因此应根据直升机运行特点、运行环境，进行必要的额外补充检查，防止损伤发展导致过大的经济损失。

内部金属表面的检查要求：

（1）检查有涂层的表面有无划痕或别的损伤。

（2）检查镁合金表面的喷漆抛光情况。

（3）检查不同金属结合区的腐蚀痕迹。

（4）检查螺栓、螺钉及别的紧固件周围的腐蚀情况。

外部金属表面的检查要求：

（1）检查抛光表面的划痕、裂纹、脱皮、褪色或别的损伤情况。特别是螺栓、螺钉和别的紧固件周围。

（2）检查接缝、接头的松动或密封化合物的缺损情况。

（3）检查裸露蒙皮边缘的腐蚀保护抛光面或密封化合物的情况和腐蚀迹象。

（4）检查不同金属结合处的腐蚀迹象。

2.8.2 金属构件的清洁

直升机上，预防金属构件的腐蚀，清洁是重点。污染材料，诸如化学制剂、土壤、盐垢、杂物、滑油、液体等等，与表面喷涂或金属表面接触，为退化和腐蚀提供了有效环境。损伤的程度与污染物的性质、有关表面的情况、接触持续时间有关。因此，表面清洁越频繁，腐蚀侵袭发生的可能性越小。

清洁的频度应该和污染物类型以及工作的环境一致。通常，工作在盐水地区（海岸线地区）的直升机比工作在内陆地区的直升机需要更加频繁的清洁。然而，在工业污染重的地方，对飞机的损伤与盐水地区一样重。当用直升机运输化学制剂时，如杀虫剂、除草剂、化肥、灭火材料等等，应该建立严格的清洁和去污染时间表，以保证及时有效地去除污染物。下面建议了各工作条件下的最低频率。

1. 正常清洁

直升机并未暴露于盐、工业大气或者化学制剂：

（1）全面清洁外部表面，至少一月两次。

（2）清洁座舱内部和其他内部区域，至少一月一次。

（3）在容易积聚泥土的区域，需要更加频繁的清洁。

2. 特殊清洁

直升机在盐水上空低高度作业或者严重污染的大气中作业。

（1）至少每日全面清洁外表面。

（2）至少一周一次清洁座舱内部和其他内部区域。

3．立即清洗

直升机暴露在盐水喷雾、灭火剂、杀虫剂、除草剂、工业化学品中，或与其他化学制剂直接接触，接触后应尽快清洗、清洁和/或清除污染。当与化学药剂发生直接接触时（溢出等）可能需要进行部分拆卸工作，以确保侵入的材料被移除。

4．外表面打蜡

建议对具有丙烯酸面漆的直升机进行定期打蜡，对于使用聚氨酯釉面漆的直升机通常不需要打蜡来保持外观，但是，也可进行打蜡以保护漆层。在所有的情况下，经常打蜡会在油漆破裂、被刮伤或碎裂的区域提供一些保护。打蜡还可以防止湿气进入关节、接缝等处。

2.8.3　保护抛光面的维护

直升机在依据作业的地理位置和操作环境，建立一个有组织的清洗、检查、腐蚀控制和停放程序。但由于全球范围内的条件和要求变化大，对于那些在盐水附近或在高温/高湿度或重工业地区工作的直升机，特别是用于农业喷洒、灭火和植物控制的直升机，应采用额外的手段，重点进行金属抛光面的保护。

飞机表面保护层除了油漆、电镀和其他保护涂层以外，防腐剂（CPC）作为补充也被广泛使用。但雨中飞行或经过清洁的直升机，会冲洗掉很多防腐剂，因此需要重新运用防腐剂，以减少保护涂层失效和腐蚀的发生率。不同类型的防腐剂具有不同的特点，应根据直升机作业和气候条件选择适当的防腐剂。化合薄膜类型适用于短期保护，然而，它们很容易被洗掉，必须至少在一周的时间内被替换，在恶劣的条件下更换更加频繁；润滑脂类型的材料形成了一种柔软、易拆卸的薄膜，在完好无损的情况下，它具有良好的保护作用，但是，油脂型涂料容易吸附灰尘和碎片。

在外场维护中，应根据直升机作业特点和作业环境，有针对性地对金属表面抛光保护层进行维护，主要分为以下 3 种情况：

1．初始的保护

在制造过程中，油漆、电镀、特殊涂层和防腐剂被应用于新直升机，以抵抗环境暴露。然而，这些涂层可能会损坏、移除或在运行过程中失效，并可能导致腐蚀。虽然积极的预防性维护本身会防止直升机免受腐蚀，但及时使用防腐剂将会减少腐蚀的发生率，以及常规维修和大修过程中的修复量。

2．直升机在干燥的内陆地区，远离重工业区

这些直升机不需要广泛的维修保养要求。然而，应该保持直升机的清洁，维护好原有的防护漆和防腐涂层以防止退化。对油漆涂料的损坏后的修整是非常重要的，并且要及时重新应用防腐剂。

3．在高度腐蚀性环境下（在高温度/高湿度地区或重工业地区）

使用之前应进行保护：
（1）彻底清洁直升机内部和外部，确保所有排水孔畅通。

（2）检查直升机表面保护层的完整性（油漆、底漆、电镀层和涂层）以及有无腐蚀的迹象。

（3）如果发现了腐蚀，按要求对该区域进行维修和处理。

（4）修整损伤的喷漆，根据需要重新进行表面保护层处理。

（5）使用防腐剂，尽可能对直升机表面进行保护。

第 3 章　老龄直升机非金属件的老化控制与维护

3.1　概　述

飞机上使用的材料多种多样，按物理化学属性分，可分为金属材料和非金属材料，其中非金属材料又可分为无机非金属材料、高分子材料和复合材料等。金属材料在 20 世纪 50 年代占绝对优势，但随着航空技术和材料科学的快速发展，各类新型、先进的非金属材料在直升机中得到越来越广泛的应用。直升机上非金属件的应用主要有座舱塑料内饰、座舱有机玻璃、各种橡胶件、非结构的塑料或复合材料整流罩等，先进复合材料甚至已经使用在了飞机的机身、安定面、涵道垂尾和旋翼桨叶等承力结构上（见图 3.1）。

图 3.1　某型直升机单壳式全碳纤维复合材料机身（全寿命）

随着直升机使用年限的增加，以及飞行使用和停放环境的影响，非金属材料会不可避免地出现老化现象，影响各种非金属件的性能，严重的甚至可能危及飞行安全。本章通过对老龄直升机维护中发现的非金属材料老化现象的分析，探讨控制材料老化的措施，以及非金属材料故障的修理方法。

3.2　非金属件老化的危害

飞机上采用非金属材料制成的部件简称非金属件，非金属件基本都属于有机类的高分子合成材料。有机材料是由天然和人工合成的有机物制成，有机材料包括木材、皮革、胶黏剂和高分子合成材料——合成橡胶、合成树脂、合成纤维等。人工合成的非金属材料，其性能与用途远超过天然非金属材料和某些金属材料。

高分子材料在加工、储存和使用过程中，由于各种因素的影响，其性能和使用价值逐渐降低的现象叫高分子老化，大致可归纳为以下 4 种情况：

（1）外观的变化，出现污渍、斑点、银纹、裂缝、喷霜、粉化及光泽颜色改变等。

（2）物理性能的变化，包括溶解性、溶胀性、流变性及耐寒、耐热、透气、透光、透水等。

（3）力学性能的变化，如拉伸、弯曲、抗压和冲击强度及伸长率等。

（4）电性能的变化，如绝缘电阻、介电损耗、击穿电压等。

引起材料老化的外在因素包括化学的氧化作用、水分解作用，物理的热作用、光作用、电作用和机械力作用，以及生物的微生物作用等。由于高分子材料在加工、储存和使用过程中，不可避免地要和氧或光接触，所以氧化（即热氧老化和光氧老化）是引起材料化学老化的主要因素。而内在的因素为高分子本身化学结构和物理状态的影响。支链高分子比直链高分子容易老化，不饱和的高分子易臭氧老化。

由于性能要求不同，直升机上不同位置安装的非金属件采用的材料不尽相同，因此，其老化而出现的危害肯定有所差异。下面就飞机上常用的几种非金属件进行分类介绍。

1. 橡胶密封件

一般用于流体密封，老化是影响橡胶弹性体密封力学性能和使用寿命的重要因数之一。老化的橡胶件可能导致流体密封失效，引起油液渗漏故障，从而引发系统失效，危及飞行安全。燃油系统密封件的老化还可能会导致燃油出现渗漏，从而引发火灾。

2. 塑料件

在飞机座舱内最常见的非金属材料就是塑料，例如行李架、座椅的把手、仪表板和内饰壁板等组件，它们都是由塑料制成的。为了便于制造，飞机外部较小而形状复杂的整流罩一般采用热塑材料制成。塑料是一种比较容易老化的材料，塑料制品的质量和使用寿命与塑料的老化有着密切关系。温度和日照是加速塑料件老化的主要因素，老化会降低塑料的强度和韧性，使塑料件容易出现裂纹，容易破碎。图3.2所示为老化裂纹的热塑整流罩，图3.3所示为老化破损的塑料内饰

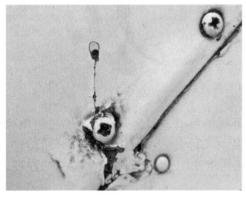
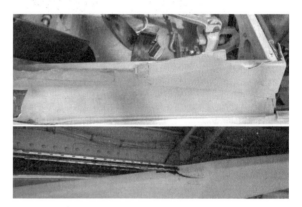

图3.2　老化裂纹的热塑整流罩　　　　　图3.3　老化破损的塑料内饰

3. 复合材料

复合材料是由基体和纤维增强材料构成的一类材料,应用最广泛的复合材料是树脂基复合材料，飞机上常用的复合材料为碳纤维复合材料和玻璃纤维复合材料。碳纤维复合材料一般使用在飞机结构件上，如机身、安定面和旋翼等，玻璃纤维复合材料一般使用在整流罩上。先进复合材料的使用不但使飞机机身结构具有足够的强度和刚度，又最大限度地减轻了飞机质量。复合材料的老化主要表现在基体材料的老化上，老化的基体材料除了使其性能降低外，还影响与增强材料之间的层合关系，因此，老化的复合材料除了容易出现表面损伤和裂纹外，还可能出现分层现象，进一步降低其性能。

4. 有机玻璃

有机玻璃是一种高分子化合物，称聚甲基丙烯酸甲酯，有机玻璃材料主要用于飞机座舱风挡玻璃。有机玻璃老化的重要特征就是出现龟裂银纹（见图 3.4，图 3.5），座舱有机玻璃银纹的危害很多，它的产生不仅会影响飞机的整体外观，还会降低有机玻璃的透明度，在飞行过程中对飞行员会产生视线上的干扰与阻挡，除此之外银纹还会导致有机玻璃强度下降，降低有机玻璃的使用寿命，当银纹经过长期的演变加重到一定程度时还会扩展成裂纹，对飞机飞行造成严重的安全隐患。

图 3.4　出现轻微老化银纹的座舱玻璃

图 3.5　严重老化龟裂的座舱玻璃

3.3　非金属件老化的预防

引起材料老化的机理和老化的原因一样极其复杂，在绝大多数场合下非金属件的加工、贮存和使用过程中不可避免地都要被光照射，接触空气，受热和水的作用，因此老化主要有光氧老化、热氧老化、水解等。高分子材料制品长期在光、氧、热作用下，其长链大分子便会断裂粉化完全失去使用价值。老化的原因除了环境因素外，聚合物内部一些不稳定结构的杂质也会加速老化，这些杂质往往是在合成工艺中带入的，非金属件的老化预防在材料的生产和部件的加工阶段就开始介入，采用的方法一般包括：

（1）在材料合成阶段就应尽量避免不稳定结构杂质的混入。

（2）在高分子中添加各种稳定剂是防老化常用的方法。防老稳定剂包括防热氧老化稳定剂、防光氧老化稳定剂和防臭氧老化稳定剂等，稳定剂的添加往往不止一种，而是数种防老稳定剂互相配合协同作用方能取得满意效果。

（3）改进制作工艺，尽量控制加工温度，使温度低一些。

（4）用物理方法进行防护，使制品与环境隔绝，如涂防护漆、镀金属层等，同时在防护层中加入防老稳定剂还可进一步提高隔绝的效果。

以上为材料在生产制作中经常采用的预防老化措施，使非金属件具备一定的抗老化性能，保证其在使用寿命期间性能稳定。使用阶段的老化预防，除了控制环境因素外，还要保证不破坏生产制造阶段采取的手段，因此，在使用维护中预防非金属件老化的措施为：

（1）对于有物理防护层的非金属件要防止破坏其防护层，保证防护层的完整性。

（2）保证非金属件的清洁，使用批准的清洁剂按规定程序进行清洁。如座舱风挡有机玻璃只能使用中性清洁剂进行清洁，禁止使用酒精、汽油等有机溶剂进行清洁。

（3）飞机的停放：最好停放在专门的机库内，若露天停放，应尽量避免长时间在阳光下暴晒，按规定使用罩布等设备对飞机进行一定的防护。

3.4 非金属材料的维护

引起材料损伤的因素多种多样，材料老化仅仅只是部件损伤的具体因素之一。因此，虽然本书讨论的是飞机老龄化带来的系列问题，但在涉及修理技术，特别是非金属材料的修理时，我们考虑的不仅仅是老化损伤的修理。下面主要探讨飞机上常用的几种非金属材料的使用注意事项及损伤修理技术。

3.4.1 复合材料

与传统材料相比，复合材料具有优异的综合性能，目前发展最迅速、应用最广泛的复合材料是树脂基纤维复合材料，它具有比强度和比刚度高、可设计性强、抗疲劳性能好、耐腐蚀性能好、阻尼减振性好、破损安全性高以及便于大面积整体成形和具有特殊的电磁性能等独特优点。正因为复合材料拥有诸多优异的性能，其在飞机上的应用越来越广泛，复合材料目前已经成了直升机上不可或缺的材料之一，但是复合材料也并非十全十美，在使用中肯定也会出现各种故障，从而影响其性能。因此，复合材料的使用和维护保养注意事项及其损伤修理将不可避免地成为飞机维护中的重点。

1. 使用维护注意事项

结合复合材料的特性，在使用维护中应注意采取防腐、防雷、防剧烈冲击等措施，以增加复合材料的使用寿命，让复合材料能发挥其各种优越的性能，以保障飞行安全，具体注意事项如下：

（1）使用和维护中应注意防止外来物撞击损伤，飞行和停放时应尽量避免冰雹和风沙的袭击。

（2）维护中拆下的部件必须轻拿轻放，妥善安置，不可随意乱丢，更不可长期浸泡在油料及雨水中。

（3）重新安装复合材料部件时，应按规定使用紧固件（专用的铆钉和高锁螺栓等），未经批准不允许使用替代件。固定螺钉不宜装得太紧,若有拧紧力矩要求的应按规定力矩值进行拧紧。

(4)要防止尖锐的东西划伤或碰伤复合材料部件表面,更不允许用硬物敲击复合材料部件。

(5)给复合材料零构件钻孔时,在其反面必须用硬木块或胶木垫住进行保护,以防钻孔力量过大导致复合材料表面分层或抽丝。

(6)若因复合材料构件排故修理而需铆接金属零件时必须在两者之间贴一层薄的玻璃布,以防零件腐蚀。

(7)不能擅自修理破损的复合材料部件,必须按厂家手册或相关技术规范进行处理和修复。

(8)飞行后应及时检查并修复损坏的复合材料结构表面保护漆层,若发现复合材料结构损坏应及时修补,以避免潮气及腐蚀性介质进入材料内部。

(9)由于复合材料对温度很敏感,在维护中应防止烈日暴晒,注意高温区复合材料板件的散热,防止烧伤。

(10)在沿海和腐蚀性大气中飞行后要及时清洗复合材料机身部件,应使用手册中推荐的清洗剂进行清洗。

2. 复合材料的损伤修理

外场维护中经常遇到复合材料蒙皮结构损伤的修理,复合材料在使用过程中由于使用不当,如冲击、超载、挤压等,会形成刀痕划伤、分层、脱胶、凹痕、边缘损伤、穿透损伤、裂纹等缺陷和损伤;受环境条件影响,如雨蚀、砂蚀、热冲击、雷击、溶剂等,也会形成分层、脱粘、表面氧化、腐蚀坑、边缘损伤、表面鼓泡等缺陷和损伤。

复合材料结构的失效类型主要是脱胶和分层,以及裂纹,其中裂纹又可分为两种不同程度的类型,一种是出现在树脂表面的微裂纹,另一种是造成纤维断裂的主裂纹。通常,复合材料的损伤可以通过结构表面保护油漆涂层的异常来发现,还可通过硬币敲击法来寻找分层和脱胶,硬币敲击声音在损伤区域会发生明显的变化,从而为进一步的检测提供依据。一般情况下玻璃纤维增强复合材料是绿色或棕色的,而碳纤维增强复合材料是黑色或黑棕色的,若出现异常的结构(如表面发现存在白色区域)则可能是结构内部有损伤,需进一步进行检测。然后清除损伤区域表面的涂层,仔细观察外表面是否存在裂纹,如果没有发现裂纹,则用大拇指按压检查区域的中间位置,若感觉到蒙皮触碰到了夹层结构的夹芯(或其他铺层、组件),则表明蒙皮已经脱胶。

复合材料修理时最常用的材料包括各种胶黏剂、干态纤维织物、预浸料、蜂窝材料以及一些辅助材料。一般来说,修理树脂基复合材料结构可用玻璃纤维、芳纶纤维和碳纤维增强树脂基复合材料。碳纤维增强复合材料通常用来修理碳纤维复合材料结构;玻璃纤维增强复合材料常用来修理玻璃纤维、芳纶纤维增强复合材料结构。

复合材料修理可分为暂时修理、非结构性的永久装饰修理、永久结构修理等类型。所谓暂时修理就是在永久修理之前,对许可损伤或者带时间限制的许可损伤进行的修理工作或保护性措施,目的是防止外物进入损伤区或损伤的进一步扩展。暂时修理时可用结构材料或非结构材料覆盖损伤区,在永久修理时,再除去这些覆盖材料;非结构性的永久装饰修理采用非结构性材料对结构的许可损伤进行修理,以保护结构不再受外来物体的损伤,并隔绝潮气及污染,非结构性的永久装饰修理在零部件使用寿命范围内都是有效的;永久结构修理是对结构进行修理从而恢复其完整性的修理,对于可修理损伤和带时间限制的许可损伤,应采用这种方法进行修理。对于影响到飞机适航性能的损伤,如大面积的损伤、需要局部进行更换的主承力结构损伤、重要(高受力)部件的损伤等,只能按照制造商批准的修理方案进行修理。

根据复合材料部件的结构、缺陷和损伤的类型与大小,复合材料的修理采用不同的方法,按照缺陷和损伤轻重程度不同,常用的典型方法包括非结构性的永久装饰(化妆式)修理、半结构件式

（层合加强板）胶接贴补修理、斜面胶接贴补修理、机械连接（螺接）补丁修理、树脂注射修理等，如图 3.6～图 3.10 所示。

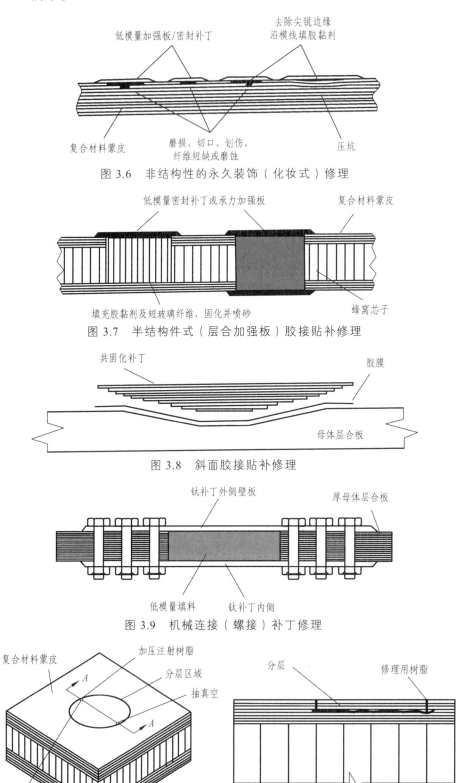

图 3.6　非结构性的永久装饰（化妆式）修理

图 3.7　半结构件式（层合加强板）胶接贴补修理

图 3.8　斜面胶接贴补修理

图 3.9　机械连接（螺接）补丁修理

图 3.10　树脂注射修理

近些年来，工程上还出现了多种适应于外场的复合材料快速修理方法，如微波修复方法、电子束固化修理方法、光固化修理方法和激光自动修理方法等。不同的修理方法适用于不同的损伤情况，在选择修理方法时还需综合考虑结构的承载要求、受载情况、气动外形要求、损伤严重程度，以及修理技术水平和经济性限制等因素。总之，复合材料结构修理的目的是尽可能通过简单、可靠、经济的修理手段最大限度地恢复结构的承载能力与功能性。具体的修理过程需要按照飞机厂家手册规定的工艺和步骤进行施工，典型的飞机复合材料结构修理流程如图 3.11 所示。

复合材料修理后还应注意修理对飞机重量和重心的变化影响，及时进行飞机重量平衡校验和调整。在对损伤区域进行修理或切除操作时，应保持复合材料组件的正确位置，如有移动则可能导致新的损伤。修理后如果堵住了飞机结构的排水通风口，则需在相同位置开出一个新的排水通风口。

下述内容为某型飞机的玻璃纤维复合材料修理工艺，可作为实际维修工作时参考。

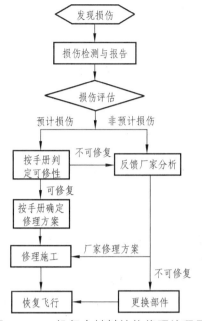

图 3.11　飞机复合材料结构修理流程图

1）工具设备及消耗性材料

（1）工具设备。打磨和钻孔设备、注射器、夹紧装置、油灰刀、砂纸、剪刀等，以及防护面罩、护目镜和手套等劳保用品。

（2）消耗材料。飞机厂家提供的复合材料修理包、清洁溶剂等。

2）适用范围

玻璃纤维加强结构的修理，包括玻璃纤维的修饰以及表面修理（气泡、开口、分层、空腔、小孔以及小损伤），玻璃纤维的裂痕以及用补片修理（刺孔、裂纹以及已透过结构并损伤到纤维布材料的孔）。可修理的前提为未损伤到玻璃纤维的纤维布材料。

3）玻璃纤维复合材料的修理

（1）修整和凹痕、擦伤或刮伤等表面损伤的修理。

① 除去表面涂层，采用砂纸打磨部件受损的表面，打磨时应控制打磨不过量。

② 使用丙酮、甲基乙基酮或等效溶剂清洁修理表面。

③ 使用刀片或带磨头的钻子刮被损伤的区域，使被损伤区域的底部及周边变粗糙。将刮痕或空腔周缘打毛（便于粘接），不准切除边缘底部（如果刮痕或空腔很浅，仅穿透表面涂层，直接执行到第⑨步）。

④ 将足够填充被损伤区域的少量树脂倒入广口瓶盖中或倒在一块纸板上，再在树脂中混入同量的磨碎的玻璃纤维。根据修理包中的说明，在树脂中加入催化剂并彻底混合。当使用注射器将胶体注入小空腔时，就不需要在胶体中混入玻璃纤维碎片。

注意：必须遵照修理包中给出的规定来混合树脂和催化剂。

⑤ 将树脂、纤维和催化剂的混合物涂到被损伤的区域，用油灰刀或棍子的尖端将混合物压入小孔或刺孔的底部，并清除气泡。填充刮痕或小孔的高度要超过周围未损伤部位 1/16 英寸（大约 1.6 mm）。

⑥ 在修理过的区域上盖上一张玻璃纸或蜡纸以隔绝空气，使胶体混合物固化。

⑦ 胶体固化 10 ~ 15 min，直到胶体呈橡胶状，可以用手接触。拿走玻璃纸，用一个尖锐的刮刀或刀片平整表面，之后再盖上玻璃纸，彻底固化 30 ~ 60 min。在固化过程中，补料会收缩而低于结构表面（如果使用的是蜡纸，应检查表面是否残留有蜡）。

⑧ 用磨具或粗砂纸对孔的底部及周围进行粗糙处理，将孔内胶体涂层周沿打毛（便于粘接），而不能切除底部。

⑨ 倒出少量的树脂，加入催化剂并彻底混合（应采用切削运动的混合方法，而不是搅拌混合），该处不用纤维。

⑩ 用油灰刀尖或指尖将混合物填入孔洞，直到高出周围表面 1/16 英寸（1.6 mm）。

⑪ 在补料上盖上玻璃纸进行固化。重复第⑦步，在没完全固化时平整补料。

⑫ 平整补料后，立即在补料的切口边缘涂上少量的胶体，并用玻璃纸盖上。用一根橡皮棍或刮刀的背部将补料的周围部位碾平。让玻璃纸盖在补料上 1~2 h，或者整夜，以彻底固化补料。

⑬ 固化 24 h 后，用 200 号砂纸打磨，使修理区域与部件外形一致，然后用 400 号砂纸抛光。

⑭ 用溶剂进行擦拭、清洗整洁后，恢复表面涂层。

（2）裂痕及补片修理。

① 除去表面涂层，采用砂纸打磨，打磨时应控制打磨不过量。

② 使用丙酮、甲基乙基酮或等效溶剂清洁修理表面。

③ 用锯子或尖刀切去缺陷区域，一直切到完好的材料为止。

④ 除去损伤区域周边 3 英寸（7.62 cm）漆层。

⑤ 使用 80 号砂纸加工，使切口边缘成大约 30°角的斜边，砂磨孔及周围区域，将孔周围 2 英寸打毛，粗糙表面便于粘接补片。

⑥ 用胶布将带有玻璃纸的纸板或金属板粘在部件外侧，彻底盖住孔洞。玻璃纸必须在内侧（紧挨部件）。对一铝片进行修整，使其外形类似于缺陷区域，铝片表面上必须盖上玻璃纸。

⑦ 准备能盖住孔周边 2 英寸区域的玻璃纤维材料和织物的修补料。

⑧ 参照修理包中的说明，混合少量的树脂和催化剂。

⑨ 用混有催化剂的树脂浸湿玻璃纤维材料和织物，先将树脂涂抹在玻璃纤维材料上然后再涂织物。将玻璃纤维材料涂在部件表面上，盖上玻璃纤维织物，玻璃纤维材织物两面都要用树脂浸湿，再覆盖两片用树脂浸湿的玻璃纸形成夹层结构。用足量的玻璃纤维材料和织物加强，以保证最初的表面强度。如果该损伤为压力裂纹，就要使用多层织物加强。

⑩ 将修补料放在孔上（结构内），盖上玻璃纸并用橡皮棍从中心向边缘碾压以除去气泡，气泡表现为白色，必须全部除去。在补料胶化之前除去多余的树脂，使补料彻底固化。

⑪ 从孔外侧拿走纸板或铝片，砂磨补料和孔的边缘，将孔周边 2 英寸范围的未损伤区域打毛。

⑫ 用胶带和纸盖住孔的周围区域以保护表面。切下一块比孔大 1 英寸（2.54 cm）的玻璃纤维材料，切下一块或几块比孔大 2 英寸的玻璃纤维织物。在孔上刷上混有催化剂的树脂。将玻璃纤维材料放在孔上并用树脂浸泡，并用刷子涂抹，然后在表面上放上一层或几层玻璃纤维织物形成部件表面，每层玻璃纤维织物要用树脂彻底浸湿。

⑬ 用一根橡胶棍或宽的刀背从中心向边缘用力地碾压除去气泡，让补片固化 15~20 min。

⑭ 当补片开始成形但仍呈橡胶状时，用一把尖刀切去多余的玻璃纤维材料和织物。在固化之前，切去结构边缘，但要留出额外的供打磨的地方。让补片固化一整夜。

⑮ 用 80 号砂纸打磨光滑补片，使其与周围表面相融合。砂磨的过程中可能会出现气泡，将气泡刺破并填上混有催化剂的树脂。填充空腔可以使用皮下注射器。等其固化后再进行砂磨。

⑯ 用手指将混有催化剂的树脂涂在补片上及缝隙中，仔细平整。

⑰ 盖上玻璃纸并用橡胶棍平整。在拿走玻璃纸之前让其彻底固化。等其固化后再进行砂磨。

⑱ 涂抹或喷涂混有催化剂的树脂以封严补片。固化后用 200 号砂纸打磨，使修理区域与部件外形一致，然后用 400 号砂纸抛光。用溶剂进行擦拭、清洗整洁后，恢复表面涂层。

注意：在溶液（例如丙酮）中清洁刷子和手。如果没有这样的溶液，可以用清洁剂和水来代替。

4）质量检查

（1）复合材料修理后的结构形状应与原损伤结构形状一致，且强度符合要求。

（2）修理表面与原结构表面之间应光滑过渡，无应力集中。

（3）结构表面应无划伤、压坑等二次损伤。

5）终结工作

清点工具设备，整理工作场所，填写维修记录。

3.4.2　有机玻璃

由于拥有优秀的透光性、密度小、结构强度高，以及良好的耐候性，有机玻璃自发明以来就广泛应用到航空、建筑、医学和化工等各个领域，高强度的航空有机玻璃更是制作飞机座舱风挡玻璃和侧窗玻璃等透明部件的不二选择。不同飞机厂家采用的有机玻璃材质有所区别，有机玻璃的故障种类繁多，常见的损伤主要包括银纹、气泡、划伤、破裂、裂纹和开胶等，其中以银纹、裂纹和开胶等 3 种损伤形式最为常见。

有机玻璃银纹的产生原因多种多样，长时间受拉伸载荷作用、老化和维护不当等均可能使有机玻璃出现银纹。受到拉伸载荷作用而生成的银纹在消除拉伸应力后还会保留在有机玻璃上很长一段时间，若将其加热至软化温度以上或在垂直方向施加热压缩负荷，银纹可以消失，玻璃似乎是"自我治愈"了，但在重新加载拉伸载荷时银纹又会出现，然而因老化出现的银纹则没有这种情况。银纹虽然并不是真正的破坏裂纹，但是银纹一般出现的范围广，不仅降低有机玻璃件的结构强度，减小其使用寿命，还对飞行人员产生视线上的阻挡与干扰，银纹经过长时间的演变加重到一定程度时还会发展成裂纹，这些都可能严重影响飞行安全。

有机玻璃银纹不是裂纹，银纹和破坏裂纹不同之处在于：银纹可以在发展成较大数量和尺寸的情况下而不会引起玻璃断裂；银纹在玻璃再加温时，有自我"痊愈"的现象，而一般破裂裂纹却不具备这种性质；在拉伸载荷作用下的开裂是固定的，并且一直在不断地发展，在这种情况下裂纹加快发展。

1．有机玻璃的使用维护注意事项

根据有机玻璃的损伤特性，在使用和维护中应注意以下事项：

（1）使用和维护中应注意防止外来物撞击损伤和尖锐物划伤，飞行和停放时应尽量避免冰雹和风沙的袭击。

（2）不能使用酒精和汽油等有机溶剂清洁有机玻璃。

（3）在给飞机喷漆过程中，首先要对有机玻璃进行保护，防止有机玻璃被溶液腐蚀。

（4）在拆装风挡玻璃时，必须按手册规定的工艺和步骤正确安装到位，尽量减小装配应力。

（5）严禁将产生高温物体（如过热的电烙铁）靠近有机玻璃，以避免烫伤或产生热应力。

（6）避免有机玻璃长时间暴晒，尽量将飞机停放在机库内。

（7）露天停放时需使用罩布将玻璃遮住，罩布的内层材质应柔软，外层防水，使用时需保证罩布干燥。

2．有机玻璃的修理

由于飞机有机玻璃结构的特殊性，有机玻璃在出现缺陷时，飞机厂家一般不允许对其进行修理。

对于玻璃表面轻微的划伤或表面磨损不很严重的情况，可以尝试采用简单的抛光处理以改善其透光性，消除损伤处的应力集中。对于有机玻璃的银纹缺陷，在其数量少、范围小时，银纹对玻璃结构强度影响很小，若其不影响飞行员的视线，可以不作处理，但需要注意检查，监控其发展，一旦银纹的数量和范围扩大，超过机型手册规定范围时必须进行更换。对于在检查时发现的玻璃轻微裂纹，需要根据玻璃的种类和飞机机型手册制订具体的合适的修理方法，如果处理后的裂纹扩展或发现较大的裂纹时，则需要停机进行鉴定和更换新的玻璃座舱，避免造成飞行隐患。

3.4.3 塑 料

塑料是以树脂为主要成分，含有一定成分的添加剂，在加工过程中能塑制成型的人工合成高分子材料。塑料的品种规格繁多，性能也多种多样，前面介绍的有机玻璃其实也是塑料的一种。除了飞机座舱内饰大量使用塑料外，飞机外部一些形状复杂，受力较小的整流罩通常也采用强度相对较高的工程塑料制成。

塑料的优点有很多，但其缺点也很明显，主要是其强度不高，耐热性差，受热易变质、变形，而低温时易变脆，易溶于有机溶剂，在溶剂作用下容易发生溶胀现象，在日光紫外线作用下易老化。塑料件的维护注意事项与有机玻璃的要求基本一致，主要是防止划伤、防有机溶剂作用，以及防紫外线老化等。

由于塑料的种类繁多，有些种类的塑料件不允许损伤修理，而有的又可以根据缺陷情况允许选择不同的修理方法。下面介绍一种 ABS.IMPAX7000.A11AX SC 塑料材质的热成型塑料部件修理方法。

1. 工具设备及消耗性材料

1）工具设备

热空气喷枪[300～400 °F（149～204 °C）]、打磨和钻孔设备、锉刀、砂纸、剪刀等，以及防护面罩、护目镜和手套等劳保用品。

2）消耗性材料

ABS 溶剂型黏合剂（Solarite#11 系列）、环氧树脂修补化合物（Solarite#400）、溶剂黏合剂（Solarite#11 系列）、热塑棒、全氯乙烯或油漆溶剂、清洁剂和抛光剂等。

2. 热成型塑料部件（ABS.IMPAX7000.A11AX SC 材质）的修理

1）修理面的清洁

（1）除去待修理表面的灰尘和漆层，用家用清洁剂即可有效清除表面灰尘。

（2）受损伤区域应用全氯乙烯或油漆溶剂进行清洁，这样在环氧化合物与热塑塑料间才能得到良好的粘接效果。

2）对表面刮痕、磨损或污垢的处理（见图 3.12）

（1）对有浅刮痕和磨蚀的表面，通常使用抛光机和抛光剂进行抛光修理。

（2）如果热塑部件表面存在较大的污物粒子，可以用一个能加热到 300～400 °F（149～204 °C）的热空气喷枪去除。使喷枪的喷口离表面 1/4 英寸，做环绕运动进行加热，直到表面软化到足以除去污物粒子。

（3）冷却后热塑塑料应恢复到最初的形状。

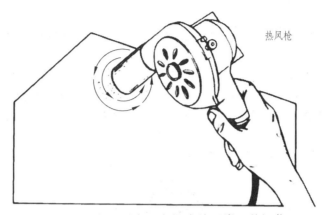

图 3.12　表面刮痕、磨损或地面嵌入的污物

3）深刮痕、浅裂缝以及小孔（直径小于 1 英寸）（见图 3.13）

（1）溶剂型黏合剂最适用于这类修理。对于小的修理，将与修理部件相同材料的热塑塑料溶解于溶剂中，直到形成糊状就得到了适用的黏合剂。

图 3.13　深刮痕、浅裂纹以及小孔

（2）将混合物涂在被损伤区域。待溶剂蒸发后，对剩下的固体通过用锉刀锉或用砂子砂磨，形成其固有的形状。

（3）对于高应力区域、薄壁部件或直径大于 1/4 英寸的孔，不允许使用溶剂型黏合剂。

（4）对于较大的损伤使用环氧树脂修补化合物。这类化合物由两部分组成，可快速固化并且砂磨简便。

（5）为了增加黏合力，可以用砂纸打磨表面使其粗糙，且要使用尽可能大的粘接范围。

（6）在一块硬板表面上，将环氧树脂修补化合物中的两种物质等量混合（使用"8"字形的运动方式）。在涂上化合物之前用全氯乙烯或油漆溶剂清洁被损伤区域（见图 3.14）。

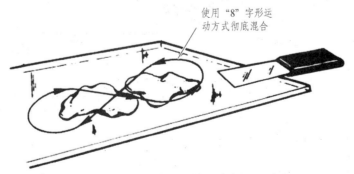

使用"8"字形运动方式彻底混合

图 3.14　环氧树脂修补化合物的混合

（7）待化合物固化后，用一个机械砂磨器进行处理。必须使机械砂磨器连续移动，以防止烧坏化合物。

（8）对于小范围或不存在剪切应力的部位的修理，可以用条状的热熔性黏合剂（聚酰酯）。这种修理形成的接合力低。

（9）对于高应力区域的小孔、收缩变形或裂纹，以及薄壁部位的修理，就得使用熔接的方式。

（10）熔接的修理方式需要一支热空气喷枪及 ABS 条。在熔接修理过程中，拿着喷枪使热气流喷向待修理部位，同时加热被损伤区域和 ABS 条。加热时喷枪做扇形运动，防止材料变色。必须用力压住 ABS 条，以保证良好的粘接效果（见图 3.15）。

（11）修理完成后，对表面进行砂磨以形成良好的外形。

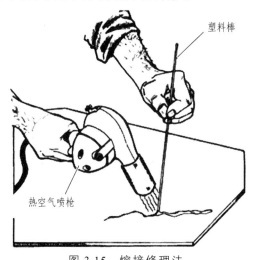

图 3.15　熔接修理法

4）裂纹（见图 3.16）

（1）在修理热塑塑料的裂纹之前，首先应确认裂纹产生的原因并采取预防措施防止裂纹再次产生。

（2）在裂纹的两端钻上小的止裂孔。

（3）如果可能的话，在裂纹的反面粘上一块加强板以增加强度。

（4）如果裂纹是"V"形槽，使用修理材料如溶剂型黏合剂、热熔性黏合剂、环氧树脂修补化合物或热空气熔接条进行填补。

（5）待修理部位固化后，砂磨处理使其与周围表面融合。

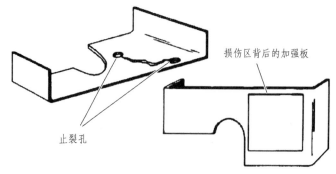

图 3.16　裂纹修理

5）对于较大损伤的修理（直径大于 1 英寸）（见图 3.17）

（1）尽量使用同材料的补片，补片较修理部位稍大一些。

（2）损伤的情况较严重，如大孔、裂纹、撕裂等，修理时就要切除被损伤区域并用同材料的补片来更换。

（3）切除损伤区域时，边缘处要光滑。同样补片也要有光滑的边缘以保证良好的配合。

（4）表面涂上溶剂型黏合剂，将其用力地固定在被损伤区域上。

（5）让补片晾干大约 1 h。

（6）使用修理材料填充孔、裂缝等。建议修理材料稍高于周围表面，这样材料固化后可进行砂磨和表面处理。如果使用的是环氧树脂修补化合物，应该逐层进行修理，每层化合物厚度不得超过 1/2 英寸，以确保化合物固化后形成良好稳固的修补层的要求。

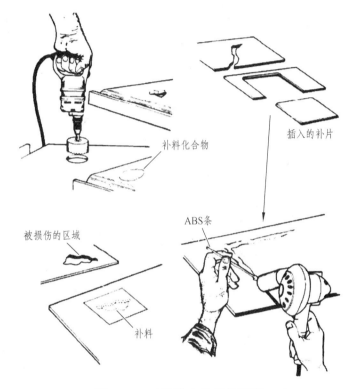

图 3.17　对于较大损伤的修理

6）压痕（见图 3.18 图 3.18）

（1）压痕通常会使该区域变白。一般来说，压痕是由材料的严重弯曲及冲击造成的（见图 3.19）。

（2）为了使材料恢复最初的状况及颜色，可以用热空气喷枪或类似的加热设备对材料加热，但不能使材料过热。

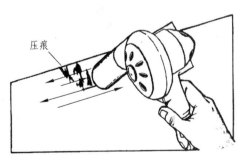

图 3.18　压痕修理

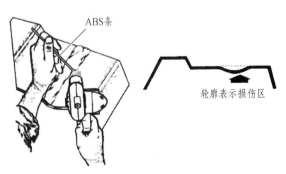

图 3.19　冲击损伤修理

第4章 老龄直升机主旋翼系统维修

4.1 概 述

直升机作为一种比较特殊的飞行器，最显著的特征是具有旋翼系统。直升机旋翼是直升机在飞行过程中产生升力和操纵力的核心部件。传统的直升机旋翼由桨毂和数片桨叶构成。桨叶则连在桨毂上，桨叶旋转时与周围空气相互作用，产生沿旋翼轴的拉力。此外，它还具有类似于飞机操纵面的功能，产生改变机体姿态的俯仰力矩或滚转力矩。旋翼产生直升机飞行时所需的升力、拉力和操纵力，集多种功能于一体，如图4.1所示。

图 4.1 典型的单旋翼带尾桨直升机

随着直升机旋翼系统使用年限的增加，以及飞行和停放环境的影响，旋翼蒙皮表面可能出现不同程度的腐蚀、疲劳、旋翼边缘密封胶脱落，甚至蒙皮与蜂窝夹层出现分离。以上状况即为典型的旋翼老化现象，进入老龄的直升机旋翼将直接影响飞行的可靠性、安全性和舒适性。加强老龄直升机旋翼系统维护，深入研究老龄直升机旋翼系统的典型故障，尽可能避免因旋翼系统老化状况所造成的飞行事故就显得尤为重要。

4.1.1 旋翼系统的结构组成

直升机旋翼系统（见图4.2）通常是由主旋翼桨毂和桨叶组成，桨叶安装在主旋翼桨毂上，在主旋翼传动轴的驱动下旋转产生拉力，以实现直升机的垂直上升、垂直下降和空中悬停，直升机良好的低速飞行性能来自旋翼的空气动力特性。

依据直升机旋翼桨毂的机械布置形式，直升机旋翼的形式可基本分为以下3种类型：

图 4.2 直升机旋翼系统结构

（1）全铰接式旋翼：该形式的旋翼有垂直铰（摆振铰）、水平铰（挥舞铰）和轴向铰，并使用垂直铰和水平铰把桨叶连接到桨毂上，如图4.3、图4.4所示。垂直铰用于桨叶的摆振，水平铰用于桨叶的上、下挥舞，轴向铰用于桨叶的轴向变距。

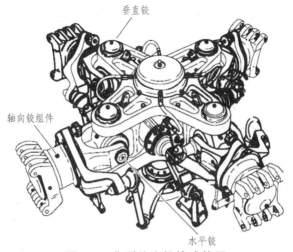

图 4.3　典型的全铰接式旋翼

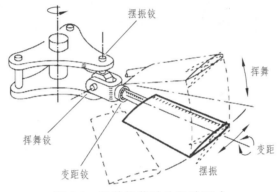

图 4.4　直升机桨叶的运动形式

现代的全铰接式旋翼广泛采用层压弹性体轴承代替金属滚动轴承，在有些直升机的旋翼上甚至采用 1 个球面弹性轴承来实现 3 个铰的功能。例如星形柔性旋翼、球柔性旋翼。

由于弹性轴承的刚度较小，对于采用层压弹性体轴承实现桨叶挥舞、摆振和扭转运动的旋翼仍属于全铰接式旋翼。

（2）跷跷板式旋翼：按跷跷板的布置方式用一个铰链把两片桨叶连接到旋翼上，用一个单一的"跷跷板"铰链同时代替挥舞铰和摆振铰，所以也称为半刚性桨叶，如图 4.5 所示。该形式的旋翼有水平铰和轴向铰，无垂直铰。典型的跷跷板式旋翼直升机有 BELL206、UH-1、AH-1 眼镜蛇等机型。

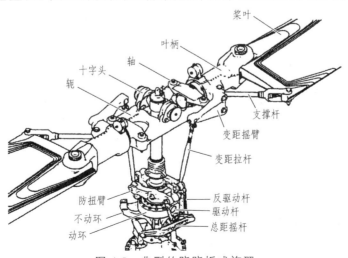

图 4.5　典型的跷跷板式旋翼

（3）无铰式旋翼：桨叶以悬臂梁方式连接到桨毂上，没有垂直铰和水平铰，但有轴向铰或轴承。桨叶的挥舞运动和摆振运动通常是由桨叶自身的扭转形变完成，如图 4.6 所示。无铰式旋翼的桨叶在挥舞、摆振方向根部是固支的，扭转与铰接式相同。

图 4.6　AW-139 直升机柔性桨毂

直升机主旋翼桨叶的制造材料通常可分为木质混合、金属和复合材料-碳纤维，其中木质混合材料的使用大约在 20 世纪 40 年代中后期，木质混合材料的使用寿命较短，通常仅有 600 h 左右，随着材料科学的发展，后来逐渐被金属材料所取代。

表 4.1　直升机旋翼桨叶各时段技术特征

时间	第一代 1946—1955	第二代 1956—1965	第三代 1966—1975	第四代 1976—
桨叶特征	木质混合式桨叶	金属桨叶	玻璃纤维桨叶	复合材料-碳纤维桨叶

目前直升机使用的旋翼桨叶主要以金属桨叶和复合材料-碳纤维为主，其中，金属材料又分为铝制金属桨叶和钢质金属桨叶。

（1）铝制主旋翼桨叶：通常是由桨根接头、铝合金锻造翼梁、铝制蒙皮和铝制蜂窝结构组成。桨叶前缘通常有一条坚硬、且经过阳极化处理的耐磨带，该耐磨带有助于减少桨叶前缘的腐蚀或损伤。桨叶后缘黏结有一条保护后缘的"V"形铝带和密封胶条，用于防止大气中的水分进入桨叶内部，以避免桨叶内部出现腐蚀状况。桨尖堵盖组件包括配重片，用于桨叶弦向和展向平衡。

（2）钢质主旋翼桨叶：通常是由锻造的铝制桨根接头、不锈钢翼梁、铝制蜂窝结构和钢质蒙皮组成。钢质主旋翼桨叶的前、后缘以及桨尖堵盖组件与铝制桨叶基本相似。

（3）复合材料桨叶：复合材料桨叶主要由桨叶大梁、蒙皮、后缘条、桨叶内腔蜂窝以及前缘防磨带等组成。其中桨叶大梁是复合材料桨叶的主要承力部件，蒙皮是桨叶的次承力部件。

复合材料桨叶的优点：

① 容易制造成复杂的气动外形，表面质量好，以提高气动效率。

② 具有质量、刚度的可剪裁性，高的比刚度及内阻尼。

③ 由于疲劳许用应变高，使桨叶的疲劳寿命大幅度提高，甚至达到无限寿命，能做到"视情维护"。

④ 在强度方面有高的比强度和疲劳许用应变，耐冲击，具有破损安全能力。

⑤ 安全性、可靠性提高，全寿命周期成本降低。

基于上述优点，目前，新研制的直升机主旋翼桨叶几乎毫无例外都采用了复合材料桨叶。

4.1.2　旋翼系统的功能

旋翼是直升机的关键部件之一，直升机旋翼通常是由数片桨叶及一个桨毂组成，桨叶安装在桨毂上，并由旋翼传动轴驱动，桨叶旋转与周围的空气发生作用，产生直升机所需的空气动力（拉力或升力）。它的功能主要有以下 4 点：

（1）产生拉力以克服机重，类似于固定翼飞机的机翼作用。

（2）产生向前的水平分力使直升机前进，类似于推进器的作用。

（3）产生其他分力及力矩使直升机保持平衡或进行机动飞行，类似于操纵面的作用。

（4）若发动机在空中停车，可及时操纵旋翼使其像风车一样自转，旋翼仍将产生升力。

直升机在旋翼传动轴的驱动下旋转，每片桨叶的工作都与一个机翼相似。桨叶每旋转一周，桨叶需进行挥舞和摆振以及变距运动，因此桨叶的受力状况极其复杂。

沿直升机旋翼旋转的方向在半径处切一截面，其剖面形状是一个翼型，如图 4.7 所示。翼型弧线与垂直于桨毂旋转轴的桨毂旋转平面之间的夹角称为桨叶的安装角。相对气流与翼弦之间的夹角为该剖面的迎角，如图 4.8 所示。因此，沿半径方向每片桨叶上产生的空气动力可分解为沿旋翼桨毂轴方向上的分量和在旋转平面上的分量。旋翼桨毂轴方向的分量将提供悬停时需要的拉力；在旋转平面上的分量产生的阻力力矩将由发动机所提供的功率来克服。

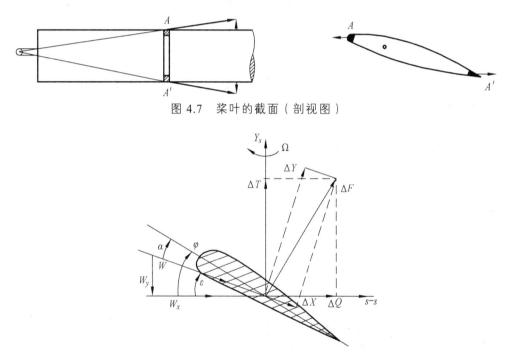

图 4.7　桨叶的截面（剖视图）

图 4.8　直升机前飞时作用在某段桨叶上的空气动力

图中 φ 为桨叶安装角，α 为桨叶迎角，W_x 为沿旋转方向的桨叶周向来流速度，W_y 为桨叶轴向来流速度，Ω 为桨叶旋转角速度。

4.1.3　旋翼桨毂及桨叶的主要失效模式

直升机桨叶在使用过程会出现不同程度的疲劳，其位置不同疲劳问题的严重程度不同，尖部应力小，中部振动变形最大，但中部应力集中源少，根部离心力最大，由于连接上的原因有明显的应力集中源，问题最突出。金属桨叶一般都采用合金钢接头，通过耳片螺栓群连接，为了提高疲劳强度采取了一系列的措施，如螺栓孔强化、大梁和接头之间加胶层等。复合材料桨叶一般在根部采用缠绕结构，这种连接传力直接，应力集中小。

通常直升机制造厂家会将直升机的桨毂及桨叶列为时寿控制件（即以飞行小时或日历时间计算其使用寿命，部件使用到一定时限时，必须拆下进行翻修或报废），如图 4.9 所示。考虑直升机的桨毂及桨叶使用寿命较长，桨毂及桨叶在其使用过程中或装机使用后期，其局部区域可能会出现因老化或腐蚀所导致的问题。

图 4.9　罗宾逊 R44 直升机旋翼桨毂

1. 直升机旋翼桨毂部分

旋翼桨毂：其主要故障模式有轴承磨损超标或损伤、螺栓过度磨损、桨毂内径磨损超标或外界冲击引起的变形等状况。

2. 直升机旋翼桨叶部分

旋翼桨叶大梁：其主要故障模式有疲劳断裂，裂纹，高能量外来物冲击引起的分层或断裂，老化引起的强度、刚度下降等。

桨叶蒙皮：其故障模式主要有疲劳、裂纹、开胶、分层，以及外来物引起的蒙皮击穿、表面破损，湿热、老化引起的强度、刚度下降等。

桨叶后缘：其故障主要模式是后缘破损、开胶、疲劳以及裂纹等，如图 4.10 所示。

图 4.10　后缘破损的直升机桨叶

4.2　老龄直升机主旋翼系统维护特点

直升机作为一种特殊的航空器，其典型特征之一就是具有主旋翼系统。直升机的主旋翼系统既是直升机的升力面，又是直升机的操纵面，其操纵性与稳定性与固定翼飞机相比有着质的差异。据统计，直升机的事故率通常是航线固定翼飞机的 5～6 倍，飞行寿命也明显低于固定翼飞机。随着直升机使用时间的增长，机体结构、主旋翼等各系统长期受内外交变载荷与环境应力等多种因素的影响，会逐渐进入老龄化，导致一些部附件强度降低、老化、失效。进入了老龄阶段的直升机耗损性故障明显增多，安全隐患较大。

针对老龄直升机主旋翼系统在使用后期出现的金属件磨损、疲劳、断裂，非金属件老化、开胶以及性能衰退等典型失效模式，应合理制订老龄直升机主旋翼系统检查方案，进一步加强主旋翼系统的检查，切实保障老龄直升机的持续适航安全。

4.2.1　老龄直升机主旋翼桨毂的维护

通常直升机主旋翼桨毂构造复杂、维护工作量大，桨毂在使用过程中需承受各种交变载荷，工作状况较差，极大地降低了桨毂的疲劳使用寿命，针对老龄直升机的主旋翼桨毂的维护与保障应做好以下几点：

1. 轴承的润滑

全铰接式桨毂具有挥舞铰、摆振铰和变距铰，而跷跷板式桨毂只有挥舞铰和变距铰，无摆振铰。无论全铰接式桨毂还是跷跷板式桨毂，在桨毂上通常会有多个注油嘴，根据直升机的飞行小时数或日历时间定期对注油嘴加注正确牌号、新鲜、且在保质期范围内的润滑脂，以确保挥舞铰、摆振铰和/或变距铰内部各运动轴承得到充分的润滑，如图 4.11、图 4.12 所示。

图 4.11　全铰接式主旋翼桨毂及其注油嘴　　　图 4.12　跷跷板式主旋翼桨毂及其注油嘴

注意：在对注油嘴进行注油的过程中，必须注入牌号正确、新鲜、且在保质期内的润滑脂，黑色、受污染的油脂从铰链内被新鲜的油脂挤出，直至新鲜的油脂从铰链侧面溢出为止。

由于无铰式桨毂无挥舞、摆振、变距铰，其主旋翼桨叶的挥舞、摆振、扭转运动完全通过桨根柔性梁来实现，因此无铰式桨毂无润滑维护工作。

2. 铰链内部轴承的检查

桨叶通过桨毂上的挥舞铰、摆振铰及变距铰与旋翼轴相连，通过 3 个铰实现桨叶的挥舞、摆振和变距运动。这些铰有不同的排列方式，一般都采用金属滚动轴承实现构件之间的相对运动。为保证直升机主旋翼桨叶的正常挥舞运动，其桨毂挥舞铰内部通常安装有滚针轴承。滚针轴承结构紧凑，体积小，旋转精度高，其内部装有细而长的滚子，可承受较大的径向载荷。

Schweizer269 直升机挥舞铰轴承如图 4.13 所示。

图 4.13　Schweizer269 直升机挥舞铰轴承

若滚子轴承损伤或失效，主旋翼桨叶挥舞运动所产生的弯矩无法在挥舞铰处卸载。首先，可导致主旋翼桨叶在旋转过程中振动值加剧，严重影响乘员的舒适性和安全性；其次，使得主旋翼桨叶疲劳损伤，导致主旋翼桨叶需要进行必要的修理或报废。因此，在针对老龄直升机的维护过程中，对于主旋翼桨毂的检查，应重点加强桨毂内部挥舞铰处的轴承检查，避免因挥舞铰轴承损伤所导致的不安全事件发生。

主旋翼桨毂挥舞铰轴承的检查方法：

（1）离位、分解检查。将主旋翼桨叶从桨毂上拆下，进而分解桨毂及其组件，取下滚子轴承，检查其状况，对于出现损伤的轴承，应进行更换。

（2）在位检查。操纵总距杆，检查主旋翼桨毂内部有无异响。若怀疑某片桨叶的挥舞铰轴承存在异响，应使用高度合适的梯子，抬起桨叶并使其上、下运动，仔细倾听、再次判断挥舞铰轴承处有无异响，若轴承处确实存在异响，应分解桨毂及其组件，更换受损的挥舞铰轴承并做好润滑工作。

为保证直升机主旋翼桨叶的正常变距运动，变距铰内部通常安装有轴向止推轴承组，止推轴承是一种分离型轴承，轴圈、座圈可以和保持架、钢球的组件分离。轴圈是与轴相配合的套圈，座圈是与轴承座孔相配合的套圈，和轴之间有间隙。止推轴承只能够承受轴向负荷，止推轴承组一般由 2～5 个轴承串列组成，用以承受桨叶高速旋转所产生的离心力以及主旋翼桨叶的轴向变距运动。

某型直升机的变距铰轴承组如图 4.14 所示。

图 4.14　典型直升机变距铰止推轴承组

BELL206BⅢ型直升机的变距轴承为滚针式，轴承被固定在桨叶夹头内，通过变距拉杆的操纵，使桨叶夹头转动，以达到改变桨叶角的目的，该型直升机滚针式变距轴承如图 4.15 所示。

图 4.15　BELL206BⅢ型直升机滚针式变距轴承

若直升机的变距铰损伤或失效，可使得主旋翼桨叶的操纵不顺畅或出现卡滞，严重影响直升机主旋翼桨叶系统的升力不平衡，造成直升机振动过度。因此，加强主旋翼桨毂变距轴承的润滑与检查，特别是空气中的粉尘、固体颗粒对轴承的使用寿命影响极大，外场在对轴承类设备维护过程中，应确保清洁，防止外来物的污染。。

3. 桨毂组件的清洁

通常直升机桨毂组件中包含了一个重要的部件——挥舞限制器，因机型不同，挥舞限制器的构造有所不同。挥舞限制器的主要作用是保证旋翼在低转速及停放时，旋翼桨叶与尾梁之间有一定的距离。在旋翼桨叶挥舞时，又允许桨叶正常地挥舞，以达到桨叶在旋转中，在各个方位的升力近似平衡。

挥舞限制器由支架、支臂、弹簧及平衡块组成，如图 4.16 所示。

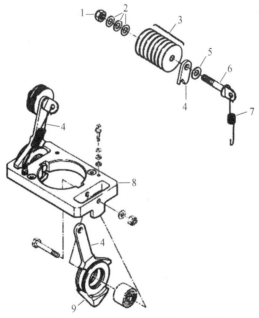

图 4.16　挥舞限制器结构示意图

1—螺帽；2—垫圈（最大数量 9 个）；3—垫圈（最大数量 8 个）；4—支臂装置；
5—垫圈；6—螺栓；7—弹簧；8—支架；9—支臂装置

当旋翼在低转速及停放时，支臂上的配重（垫圈）离心力很小，在弹簧的作用下，使支臂下端的凸块离旋翼桨毂上表面的距离很近，从而限制了旋翼向下的距离。当旋翼转速增加时，随着支臂上配重（垫圈）的离心力增加，克服弹簧的力量，这时支臂倾斜，从而使支臂下端的凸块离旋翼桨毂上表面的距离增大，保证旋翼桨叶正常的挥舞。

在直升机的维护过程中，应保持挥舞限制器以及整个桨毂组件的清洁。因外来物的污染，可能导致挥舞限制器工作异常，使得旋翼桨叶无法正常进行挥舞运动，极可能导致旋翼桨叶内部出现损伤。

因此，在直升机的维护过程中，保持直升机旋翼桨毂组件及挥舞限制器的清洁极为重要。

4. 减摆器的性能检查

为了对直升机主旋翼桨叶的摆振运动进行约束，对于全铰接式主旋翼桨毂，通常在每片主旋翼桨叶根部后缘位置装有桨毂减摆器，简称减摆器，其作用是为桨叶绕摆振铰的摆振运动提供阻尼，并将桨叶的摆振运动控制在一定的范围内。减摆器对于防止出现"地面共振"，保证其有足够的稳定性裕度是必要的。

目前，常用的直升机主旋翼桨毂减摆器的类型主要有液压减摆器和黏弹减摆器，这两种不同类型的减摆器的最大区别在于提供阻尼的介质不同，液压减摆器利用油液流动速度的损失来产生压力差从而起到阻尼作用；黏弹减摆器则是采用黏弹性材料，利用材料的形变提供阻尼，两者的维护特点有较大的差异。

减摆器常用黏弹性材料为硅橡胶，俗称黏弹减摆器。这种减摆器是利用黏弹性材料变形时很大的内阻尼来提供所要求的减振阻尼，其构造原理如图 4.17 所示。

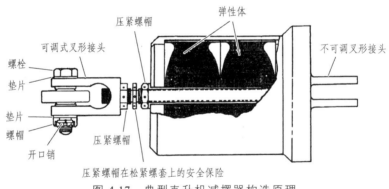

图 4.17　典型直升机减摆器构造原理

黏弹减摆器通常由金属壳体及其硅橡胶体组成，金属壳体与橡胶体硫化黏结在一起，内部金属杆一端与轴向铰的轴颈相连，而外部金属杆则与中间连接件相连接。桨叶绕摆振铰进行摆振运动时，由硅橡胶体的往复剪切变形使减摆器产生往复的轴向变形。黏弹材料变形时将产生内摩擦，内摩擦力在相位上滞后变形 90°，这些变形要消耗能量，从而起到了阻尼的作用。

黏弹减摆器突出的优点是结构简单，除了目视检查外，不需要维护。但随着减摆器使用时间的增加，壳体内部的橡胶弹性体逐渐老化，减摆器的性能将逐步退化，针对装机使用时间较长的减摆器，在对其维护过程中，应重点检查减摆器末端表面的橡胶金属结合体有无裂纹或橡胶体内是否出现裂纹状况，定期检测其性能是否满足使用要求，必要时进行更换。

液压减摆器的工作原理是利用油液高速流过小孔产生阻尼，把摆振能量转换成热量耗散掉来防止摆振。当桨叶绕垂直铰来回摆动时，减摆器壳体与活塞杆之间产生往复运动。这时，充满壳体内的油液也就要以高速度流进壳体与活塞之间的缝隙（或者是活塞上的节流孔），活塞的左右产生压力差，从而形成减摆力矩，如图 4.18 所示。

液压减摆器的减摆力矩相对比较稳定，但如果油液泄漏导致空气进入，其减摆力矩则会显著地下降。因此，除了在减摆器上自带的密封装置外，往往还需要有油液补偿装置。

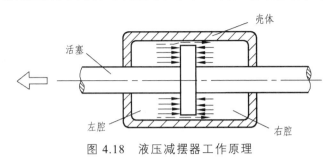

图 4.18　液压减摆器工作原理

减摆器结构复杂，其内部空腔充满液压油，为保证减摆器正常工作，其使用和维护应注意以下几点：

（1）安装要恰当。减摆器两端高度保持一致，否则可导致减摆器上的连杆运动方向与活塞运动方向不平行的状况发生，活塞运行阻力增大，连杆承受的附加力矩增高，严重影响减摆器的使用寿命。

（2）油量保持正常。液压减摆器在使用过程中往往可能出现渗漏现象，因此，在维护过程中应注意检查减摆器的渗漏情况，及时添加液压油。

（3）油液保持清洁。液压减摆器内的油液应保持清洁。若油液不清洁或变质，或过量的空气，或灰尘脏物混入将严重影响减摆器的性能。

4.2.2　老龄直升机主旋翼桨叶的维护

旋翼桨叶是直升机的翅膀。在直升机飞行过程中，主旋翼桨叶不仅要承受离心力、升力和重力，还要承受桨叶的挥舞、摆振和扭转所带来的其他应力，这些运动力相互耦合在一起，使得桨叶在工作中始终处于不断的交变载荷之中。因此，加强直升机主旋翼桨叶的维护与检查，对于保障老龄直升机的飞行安全具有重要的意义。

BELL206BⅢ型直升机主旋翼桨叶结构及组成如图 4.19 所示。

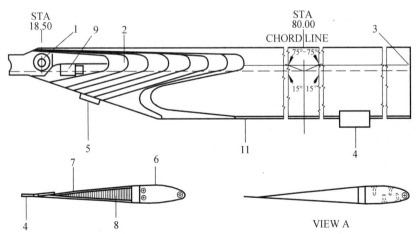

图 4.19　BELL206BⅢ型直升机主旋翼桨叶结构示意图

1—夹头盘；2—加强板；3—翼展方向校准"基准点"；4—调整片；5—平衡配重；
6—大梁；7—蒙皮；8—蜂窝结构；9—加强支架

BELL206BⅢ型直升机主旋翼桨叶的构造有以下几部分组成：

夹头盘：BELL206BⅢ型直升机的夹头盘是由合金钢制成，上面有一个孔和一个凹型槽，使用螺栓将桨叶与桨毂上的夹头连接在一起。

前缘梁：前缘梁是旋翼桨叶的主要承力部件，由一整体的轻合金制成，其截面呈 U 形，并构成桨叶的前缘。在前缘梁的中部，内有配重铅块，起到减振和协调的作用。

加强支架：BELL206BⅢ型直升机的加强支架位于前缘梁的后端，起到支撑前缘梁的作用。

蒙皮：BELL206BⅢ型直升机的蒙皮是由整块的轻合金制成，并使用胶粘在前缘梁后端及蜂窝结构、后缘梁的上、下表面。为增加桨叶的强度，在桨叶前缘梁根部装有合金加强片，一层一层地固定在桨叶根部，以增强桨叶根部的抗弯力矩能力。

BELL206BⅢ型直升机的主旋翼桨尖装有配重，以增大桨叶的转动惯量，并可以调整旋翼桨叶的展向平衡。在桨叶端部后缘装有固定式的调整片，用于调整桨叶上的空气动力，以减小旋翼系统的振动。

BELL206BⅢ型直升机主旋翼桨叶根部后缘有一平衡配重，用以调整旋翼静平衡时的弦向平衡。

针对老龄直升机主旋翼桨叶的维护与保障应做好以下几点：

1. 桨叶的防腐

直升机主旋翼桨叶是产生拉力和升力的关键承力部件。有些直升机因露天停放，或在多尘埃环境以及含盐分高的海洋大气和工业烟尘、废气、酸雨等化学环境中作业，其主旋翼桨叶的防护层极易遭受破坏，导致腐蚀的产生。如果对产生的腐蚀状况不及时进行清除和控制，可能导致主旋翼桨叶腐蚀的快速发展以及结构应力破坏。因此，针对老龄直升机主旋翼桨叶的防腐控制显得尤为重要。

直升机主旋翼桨叶常见的腐蚀一般有以下 3 种类型：磨蚀、点蚀和剥离腐蚀。

1）磨 蚀

磨蚀是由于直升机在沙尘、雨天等天气条件下飞行，沙尘、雨点冲击桨叶前缘梁造成的，在前缘梁能发现微小的凹坑，且表面不平整，这就是磨蚀。磨蚀发展到一定程度，若不及时采取措施加以控制，腐蚀将以更快的速度发展到严重的程度。

主旋翼桨叶的磨蚀从桨尖到桨根的严重程度有所差异，因桨尖至桨根的旋转线速度逐渐降低，其腐蚀程度也呈逐渐减弱的趋势，见图 4.20 所示。这种腐蚀情况是在飞行过程中发生的，危害极大。

图 4.20 某型直升机主旋翼桨尖前缘的磨蚀

2）点 蚀

点蚀是桨叶材料与空气中的氧、水分及其他物质发生的化学腐蚀，蚀坑在主旋翼桨叶上是无规则的点阵，如图 4.21 所示。若桨叶发生磨蚀导致表面的防腐涂层被破坏后，点蚀将快速发展，深入材料内部，这种组合腐蚀将严重危及飞行安全。

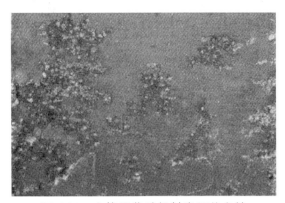

图 4.21　主旋翼桨叶铝材表面的点蚀

3）剥离腐蚀

剥离腐蚀是一种晶间腐蚀，如图 4.22 所示。剥离腐蚀通常表现为在蒙皮表面的材料分层、隆起，这是由于材料内部晶粒间的内应力不同，造成晶粒间相互挤压。这种腐蚀发生后，在雨天飞行，雨水进入材料层区域，又将导致点蚀和剥离腐蚀的组合腐蚀。剥离腐蚀往往是由于制造材料或工艺有缺陷而造成的，并且不易修理。

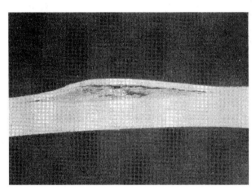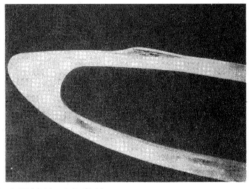

图 4.22　主旋翼桨叶铝材的剥离腐蚀

为避免或减少直升机主旋翼桨叶遭受外来物的腐蚀，外场维护人员必须及时对桨叶进行清洁和防腐处理。若出现腐蚀状况，应根据桨叶的腐蚀类型进行相应的除腐措施。

直升机主旋翼桨叶的防腐措施主要包含以下几点：

（1）清洁保养。日常的清洗保养周期应针对污染性质和作业环境确定，在一般情况下，在咸水附近或工业空气污染区域作业的直升机，清洗周期应比在内陆作业的直升机要更加频繁。在基本无污染区，可每两个月清洗一次。在轻污染区，可每日清洗。对于污染严重区域，则应在飞行后立即清洗。

用清水冲洗是清除轻微的沾染和盐类残留物的有效方法，但彻底清除化学污染物则应采用专用清洗剂或中性肥皂水，要根据具体的作业环境和沾染物确定选用的清洗剂。在用清洗剂清洗后应使用清洁水清除清洗剂，并擦去水分，保持旋翼干燥。

（2）制订相应的防腐方案。外场维护人员应根据直升机作业环境，详细制订一个防腐检查计划，包括日常定期的检查工作，确定检查周期和制订检查工作单，以便在腐蚀发生的早期检测到，并及时采取适当的补救措施，防止腐蚀进一步发展。

直升机主旋翼桨叶腐蚀的检查一般采用目视、借助放大镜、用塑料或木槌轻轻敲击等手段。对于较严重的腐蚀，为了确定腐蚀造成的损伤程度，往往需要使用无损探伤检测技术，如荧光渗透、涡流、X 射线以及超声波探伤等。

（3）腐蚀状况的处理。腐蚀状况的处理原则为：有腐必除，除腐必净。

直升机主旋翼桨叶的腐蚀一般分为两类：轻微腐蚀和严重腐蚀。轻微腐蚀是指防护涂层轻微的损伤或显示极轻微的腐蚀现象。严重腐蚀是指桨叶的防护涂层损伤面积较大，有明显的腐蚀生成物或蚀点，或者是目视可见的剥离腐蚀分层现象。

① 对轻微腐蚀现象，针对桨叶外表出现轻微损伤但没有出现腐蚀状况，外场维护人员可对桨叶进行清洗和吹干后，涂上 WD-40 或等效的替代物，或者重新补漆。对显示轻微腐蚀的，可以使用 150 粒度或更细的砂纸清除腐蚀物，打磨工作必须沿桨叶翼展方向进行。清洗和吹干后，涂上防腐剂或补漆。

② 对于主旋翼桨叶出现严重腐蚀状况的，首先应按照机型维护手册要求对腐蚀状况进行测量、评估以及除腐处理。

老龄直升机的主旋翼桨叶防腐工作极为重要，它直接关系到老龄直升机桨叶的使用寿命和直升机的持续飞行安全。因此，针对老龄直升机主旋翼桨叶的维护与保障工作意义重大。

2. 桨叶蒙皮的外观检查

直升机主旋翼桨叶用以产生升力和拉力，桨叶在旋转过程中伴有挥舞运动、摆振运动、变距运动，并且受到离心力、重力、阻力以及升力之间的相互耦合，其工作状态比较复杂。桨叶的工作状况将直接影响直升机的飞行安全。在每个航前/后应对主旋翼桨叶进行相关的目视检查，以确保主旋翼桨叶工作状况良好，保障直升机飞行安全。

直升机主旋翼桨叶常用的检查方法为目视检查法。在借助辅助光源的情况下对主旋翼桨叶的上、下表面，桨叶前/后缘、桨尖盖等部位的腐蚀及裂纹状况进行目视检查。对桨叶蒙皮裂纹的正确检查方法如图 4.23 所示。

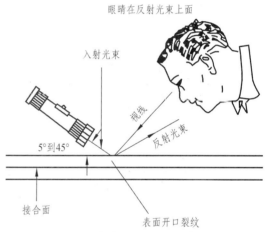

图 4.23　目视检查桨叶表面的腐蚀或裂纹

直升机的飞行速度慢、高度较低，在飞行中经常遭受来自雨、雪、沙尘等的影响，主旋翼桨叶出现损伤、凹坑的状况时有发生，某型直升机主旋翼桨叶蒙皮损伤如图 4.24 所示。

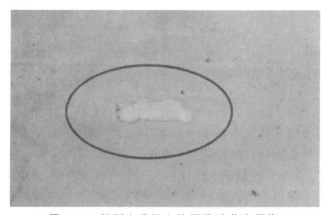

图 4.24　某型直升机主旋翼桨叶蒙皮损伤

直升机型号不同，但各机型维护手册中关于主旋翼桨叶的检查部位及要求大致相同。本文以罗宾逊 R44II 型直升机为例，其维护手册中对主旋翼桨叶的检查要求分别如下：

（1）检查桨叶蒙皮上、下表面擦伤及腐蚀状况。

（2）检查主旋翼前缘、后缘、桨尖盖以及防磨带应无明显的空隙、鼓包、裂纹和/或腐蚀。检查桨叶根部接头应无腐蚀状况。

（3）拆下桨尖盖板，移除桨尖盖、桨尖以及蒙皮至翼梁粘接线处的腐蚀物及脱落的涂层。对桨尖盖、桨尖以及蒙皮至翼梁粘接线处裸露的金属区域涂抹环氧树脂底漆或涂层，如图 4.25 所示。对环氧树脂底漆或涂层、任何在桨尖裸露的金属、桨尖以及蒙皮至翼梁的粘接线进行检查。

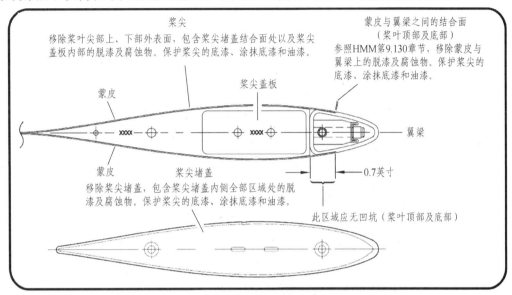

图 4.25　宾逊 R44II 型直升机主旋翼桨尖盖板

（4）使用垫片或硬币敲击测试所有关键的结合部位。确认没有沉闷或者空洞的声音，目视检查结合处的关键部位，并确认没有分离迹象。

（5）确认桨尖放水孔应无堵塞。

（6）主旋翼桨叶蒙皮极易产生压痕或凹坑，维护人员在对主旋翼桨叶进行检查时应格外小心，防止桨叶受损。

加强老龄直升机主旋翼桨叶的检查，特别是在主旋翼桨叶的使用寿命后期，防止因桨叶腐蚀、裂纹等状况所造成的不安全事件发生。直升机主旋翼桨叶蒙皮表面的压痕、凹坑也使得桨叶上产生的气动力不平衡，导致旋翼系统的振动过度。做好主旋翼桨叶的外观检查，进一步降低主旋翼系统的振动值十分重要。

3. 桨叶橡胶件的老化检查

现代直升机主旋翼桨叶类型有金属桨叶，复合材料-碳纤维桨叶，尽管桨叶的类型不同，但在桨叶上均使用了橡胶件，如密封胶。随着主旋翼桨叶的使用时间或年限增加，桨叶上的橡胶件逐渐进入老化状态，直升机主旋翼桨叶蒙皮鼓包、分层，甚至桨叶上的橡胶件脱落事件时有发生，如图 4.26 所示。主旋翼桨叶蒙皮鼓包、分层等橡胶件的老化状况严重影响着直升机的飞行安全。

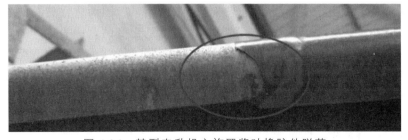

图 4.26　某型直升机主旋翼桨叶橡胶件脱落

主旋翼桨叶作为直升机的关键部件之一，为直升机提供升力和拉力，以保障直升机正常飞行，其工作状况直接关系着直升机飞行的可靠性和安全性。充分了解并掌握直升机主旋翼桨叶橡胶件老化的检查及判断方法显得十分重要。

常用的主旋翼桨叶蒙皮鼓包、分层等橡胶件的老化现象的检查方法如下：

一般脱胶面积没有超过机型维护手册规定的范围时，桨叶蒙皮表面未出现鼓包，常用的目视检查难以判断，通常需要借助小胶木锤或钢质硬币，用敲击的方法进行检查，如图 4.27 所示。使用胶木锤或钢质硬币轻轻敲击桨叶蒙皮表面未脱胶的部位所发出的声音应为清脆的"叮叮"声；脱胶的部位则会发出"咚咚"的空响声，此时用手轻轻按压脱胶部位的桨叶蒙皮表面，会感觉到轻微的上、下鼓动。

图 4.27　敲击法检查主旋翼桨叶蒙皮脱胶状况

如果主旋翼桨叶的局部轻微脱胶，可以使用小刀将脱胶处的胶体轻轻剥离，再用水砂纸打磨脱胶部位，以清除残留的胶屑，然后将密封胶涂抹在脱胶部位，并使用夹板对桨叶的上、下部蒙皮进行固定，按照密封胶的使用要求固化一段时间即可。

如果桨叶上的脱胶面积超出该机型维护手册的修理范围，应及时将受损的桨叶进行大修或报废。

4.3　直升机旋翼系统的振动分析及调整措施

直升机旋翼是为直升机飞行产生升力和操纵力的直升机核心部件。传统的直升机旋翼由桨毂和数片桨叶构成。桨叶则连在桨毂上，桨叶旋转时与周围空气相互作用，产生沿旋翼轴的拉力。此外，它还具有类似于飞机操纵面的功能，产生改变机体姿态的俯仰力矩或滚转力矩。旋翼产生直升机飞行时所需的升力、拉力和操纵力，集多种功能于一体。同时，它也是直升机的主要振源之一，所以针对老龄直升机，降低其旋翼振动十分必要。

要降低旋翼的激振力，旋翼固有频率以及旋翼和机身耦合振动固有频率的分析是必不可少的。直升机旋翼与机身耦合振动系统固有频率的分析是一个复杂的问题。在直升机的旋转运动部件中，旋翼产生的交变载荷最大。由于桨叶处于交变的气动力作用下，因而它在旋翼的拉力面和旋转面上发生振动。故在桨叶和桨毂接头处的作用力和反作用力也是交变的。因为桨叶的弹性振动产生的激振载荷汇集于桨毂，进而传给机体结构。所以，从振动的桨叶传到机体上的载荷可抽象为 3 个交变力和对坐标轴的 3 个交变力矩。这些激振载荷传到机体上，结构将产生弯曲或弯-扭耦合振动。

由于直升机旋翼的旋转速率是恒定的，因此旋翼导致的振动频率也几乎是不变的。旋翼系统的振动，主要取决于外部气动力、旋翼本身结构形式、刚度质量等结构特性分布，以及与传动系统发动机的耦合程度及与机身的耦合程度等等。

直升机旋翼系统的减振目标就是将旋翼系统传到机身结构上的交变载荷抵消掉，BELL206BⅢ型直升机主旋翼系统如图 4.28 所示。

图 4.28　BELL206BⅢ型直升机主旋翼系统

4.3.1　旋翼锥体轨迹及桨叶振动原因分析

旋翼锥体轨迹和桨叶动平衡调整的结果直接影响到直升机振动水平的大小，它对直升机的性能、可靠性、舒适性各方面都起着决定性的作用。如果要降低直升机的振动水平，改善直升机的振动环境，提高直升机的飞行品质，首先需要精确测量旋翼的锥体和动平衡。只有取得确切的锥体和动平衡数据，才有可能实施最佳的调整和其他降振措施。

"锥体"或者"打锥体"的定义就是尽量使所有主旋翼桨叶桨尖轨迹在转动中处于同一平面上的过程。但是在一些环境下，完全的桨尖轨迹重叠并不能带来零振动和良好的操控性能，反而微小的"轨迹分离"可以达到此目的，也就是在各主桨叶片翼尖轨迹存在着轻微不同的情况，会带来最平稳的飞行和最小的振动。"平衡"就是在主桨叶旋转盘面上尽可能地实现质量分布均等，使主桨叶的重心尽可能地靠近旋转中心，也就是主桨轴中心的过程。

本样例以 Bell206BⅢ型直升机为研究对象，采用 ACES 系统的 Model 2020 动平衡分析仪对直升机旋翼锥体及桨叶动平衡进行了详细的测量和分析，给出了降低旋翼振动水平所采用的调整措施和方法。

直升机由于转动部件很多，不可避免地存在振动。对于旋翼系统来说，最常见的振动原因是桨叶锥体偏差。必须对旋翼锥体和桨叶动平衡进行检测和调整，直至将旋翼振动水平控制在要求的范围之内。旋翼锥体和桨叶振动的具体原因包括以下两个方面：

（1）旋翼在稳定转速下工作，如果作用在各片桨叶上的离心力不相等，在旋翼中心将产生一个离心力合力，从而引起旋翼水平方向的振动，振动水平取决于桨叶离心力不平衡量的大小。

（2）桨叶在稳定的总距和转速下，如果各片桨叶上的气动载荷不相等，每片桨叶的桨尖轨迹会有较大偏差，铰链力矩也不平衡，将引起旋翼垂直方向的振动，振动水平取决于桨叶气动力不平衡量的大小。

旋翼锥体及动平衡条件是作用在旋翼桨叶上的惯性力、离心力和气动力及力矩保持平衡，其实质就是旋翼桨叶挥舞运动、旋翼动力入流和气动力三者之间的动态平衡。

4.3.2　Model 2020 动平衡分析仪简介

Model 2020 动平衡分析仪（Model 2020 ProBalancer Analyzer）是 ACES 公司的最新产品，该仪器具有质量轻，携带方便，易于操作和精度高等特点。其主要功能和特点如下：

（1）双通道同步数据采集。

（2）可编程的螺旋桨平衡分析功能。

（3）直升机振动幅度和相位测量。

（4）支持多种传感器的类型。

（5）频谱振动分析。

（6）直升机主旋翼轨迹跟踪及平衡。

Model 2020 动平衡分析仪和配套使用的光学设备如图 4.29 所示。

图 4.29　Model 2020 动平衡分析仪

该仪器支持并口到串口的转换，可直接将频谱曲线及数据处理结果在打印机上输出。也可以将频谱分析和平衡数据结果存储到个人电脑上，在使用过程中可以根据需要任意调整发动机、机身结构、螺旋桨和旋翼等的参数设置并加载存储在分析仪中。

4.3.3　动平衡分析仪在调整旋翼锥体及桨叶动平衡中的应用

旋翼锥体及桨叶动平衡检查调整的目的是要将旋翼产生的水平方向（Y）和垂直方向（Z）的振动水平控制在一定的范围内，以满足全机的振动要求。Bell-206B 型直升机旋翼平衡调整目标如表 4.2 所示。

表 4.2　Bell-206B 型直升机旋翼系统平衡调整目标

状态	振动速度（IPS）
地面状态	<0.20（Z 方向）
有地效悬停	<0.20（Y, Z 方向）
水平飞行	<0.20（Y, Z 方向）
机动飞行	<0.20（Y, Z 方向）

进行旋翼锥体动平衡调整之前，首先要对旋翼进行静平衡调整，如果静平衡工作中做到尽可能的细致、准确，将会避免旋翼在动平衡调整中出现很多的其他问题。典型的静平衡调整设备是水平测试仪支架。支架上有一个球形轴承，旋翼可以在球形轴承上任意方位"摇摆"，通过对桨叶的精细配平，可以使旋翼在支架上达到相对稳定的水平状态。

Model 2020 动平衡分析仪包含两个加速度传感器和一个光学轨迹传感器。其具体安装位置如下：

（1）测量垂直方向振动的加速度传感器安装在驾驶舱壁（见图 4.30）。

（2）测量水平方向振动的加速度传感器安装在主减速器上。

（3）光学轨迹传感器安装在机身上前方整流罩上（用于测量主轴转速和相位）（见图 4.31）。

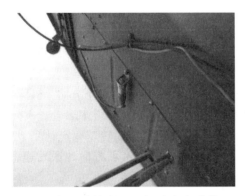

图 4.30　驾驶舱内垂直加速度安装位置　　　　图 4.31　光学转速传感器安装位置

加速度传感器（加速度计）是常用的一种用来测量不平衡力矩的元件。将加速度计安装到需要测量的机体上，当机体发生振动时，随着每个振动周期产生就会产生一个交变电压。加速度计产生的信号被过滤掉其他振动所引起的部分后，只留下所设定的测量振动的信号，并被记录下来（见图 4.32）。

图 4.32　横向加速度传感器在主减速器上的安装位置

光学轨迹传感器实质上是一个磁采集器，在主轴上安装感应片，每当感应片经过磁采集器就产生一个脉冲信号，以此就可以知道主轴的转速及桨叶旋转位置的信息。

4.3.4　旋翼锥体轨迹测量及调整措施

在地面开车状态下进行旋翼锥体轨迹测量，Bell206BⅢ型直升机为两片桨叶，通常选取红桨叶旋转平面作为基准面，旋翼锥体轨迹测量的参数设置包括：桨叶片数、主轴转速（通常 400 RPM）、发动机扭矩保持在 28%～32%。采用光学跟踪仪可以获得其他桨叶旋转平面相对基准面的准确位置，其旋翼轨迹测量结果如图 4.33 所示。

地面开车状态旋翼锥体动平衡调整时，测量垂直方向的振动速率和相位角，如果测量值不满足设计要求，则按旋翼平衡调整图调整相应的变距拉杆和调整片。

调整旋翼轨迹平面高度差的方法如下：

（1）用调整变距拉杆长度的方法进行桨叶轨迹调整时，在调整变距拉杆的过程中，首先将变距拉杆长度恢复至初始状态，始终保持某一个变距拉杆长度不变，将其作为基准。向下调整锥体时，减少变距拉杆长度；向上调整锥体时，增加变距拉杆长度。

（2）用调整固定安装的调整片角度的方法进行桨叶轨迹调整时，要向下调整锥体时，调整片应向下弯，向上调整锥体时，调整片应向上弯。

地面锥体轨迹调整一般是通过调整变距拉杆的长度来实现，调整量的单位通常为"圈"（也就是变距杆接头转动一周即一圈）。如果调整量伸长超过变距拉杆的最大允许长度，通常是将所有变距拉杆恢复到其标准长度下，重新进行锥体检查。

在有地效悬停和前飞状态下进行桨叶动平衡调整，主旋翼参数设置主要包括以下方面：机型名称、垂直方向通道序号、横向通道序号、传感器类型、轨迹跟踪设备类型选择、桨叶数、主轴转速、飞行速度等。

开车进入预定的测量状态，此时动平衡分析仪自动监测并跟踪记录主轴转速直至达到设定转速，保持该状态进行振动数据采集与分析，可以直接获取直升机垂直方向和水平方向的振动速率及其所在的相位，其分析结果如图 4.34 所示。

有地效悬停和前飞状态的调整时，测量水平方向和垂直方向的振动速率和相位角。如果测量值不满足使用要求，则按旋翼平衡调整图进行相应的调整，通常桨叶动平衡的调整按照先水平方向后垂直方向的调整策略。

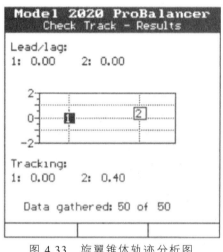

图 4.33　旋翼锥体轨迹分析图

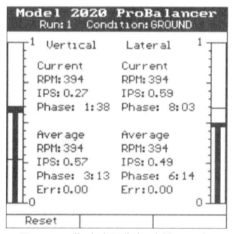

图 4.34　桨叶动平衡振动结果分析

4.3.5　旋翼振动调整措施

桨叶动平衡调整有 4 种调节方法：

（1）进行水平振动方向调整，通过调整桨毂夹头的固定螺栓增加和减少铅丸，使桨叶的弦向重心位置发生变化，改变桨叶弦向重心和气动中心之间的距离，从而改变桨叶的气动特性。

（2）进行水平振动方向调整，采用调整桨毂上锁紧螺栓方法进行桨叶重心位置的调整（调整量的单位为"齿"，最大调整量保持在 3 个齿之内，通常方法是"松前缘紧后缘"），保持两片桨叶的重心在同一直线上，调整过程中必须保持桨叶后掠。

（3）进行垂直振动方向的调整，飞行速度在 40 NM 之内时，通常调节变距拉杆长度，实质上就是改变桨叶的初始安装角，从而改变桨叶的升力状态。

（4）进行垂直振动方向的调整，飞行速度大于 40 NM 时，通常调整后缘调整片的角度（角度调整范围限制在±7°之间），改变桨叶外段局部剖面的气动力，这个气动力将使桨叶产生一个附加俯仰力矩，从而改变桨叶的气动特性。

外场使用主要通过改变变距拉杆长度或后缘调整片折弯角度来调整。一项重要的工作是要找出变距拉杆长度或后缘调整片折弯角度的变化与桨尖锥体变化的对应关系。

第5章　老龄直升机尾桨系统的维修

5.1　概　述

尾桨是单旋翼直升机的重要部件之一（见图 5.1），通常依靠它提供的推力（或拉力）来产生抗偏力矩以平衡主旋翼反扭矩，并通过改变尾桨推力（或拉力）的大小实现对直升机的航向操纵，同时尾桨又能对直升机的航向起到一定的稳定作用。

图 5.1　某型直升机尾桨系统

随着直升机服役年限的增加，尾桨系统的各部附件将出现不同的老化现象，如尾桨挥舞铰螺栓金属疲劳、尾桨毂磨损超标、橡胶件老化等。尾桨系统的工作状况将直接影响直升机的飞行安全，近年来，国内通航因尾桨系统失效导致的飞行事故时有发生。2013 年 03 月，国内某通航一架直升机在进行飞行训练时因尾桨挥舞铰螺栓断裂，导致直升机严重受损。因此，加强老龄直升机尾桨系统维护，深入研究老龄直升机尾桨系统的典型故障就显得极为重要。

尾桨输出轴　尾桨桨叶　尾桨桨毂　尾桨变距拉杆　固定组件

5.1.1　尾桨的结构组成

尾桨通常由桨叶和桨毂组成，如图 5.2 所示。

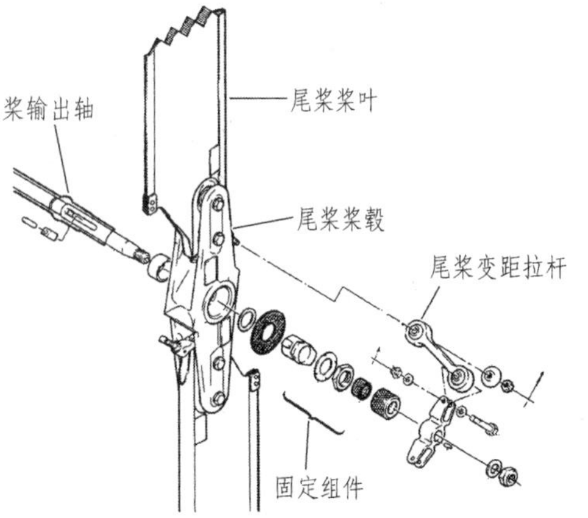

1. 桨　叶

桨叶是由不锈钢蒙皮及蜂窝结构组成。在桨叶根部

图 5.2　BELL206B3 型直升机尾桨组件结构

装有变距轴夹板，在轴夹板上有一对球面轴承，通过这对轴承，桨叶被安装在桨毂上。当球面轴承磨损或松动时，容易引起尾桨的振动。

位于桨叶后缘和桨尖的配重，可以使桨叶平衡。在桨叶制造时，这些配重的重量已经确定下来。在尾桨组装时，通过设定一个标准件（桨叶）为依据，进行弦向和展向的平衡校准。弦向平衡是通过位于十字轴承壳体止动螺栓上的垫片的厚度来完成，展向平衡是通过调整桨毂上桨叶螺栓上的垫片的数量来实现的。

2. 桨　毂

通常直升机的尾桨毂是由铝合金锻压而成，用来向尾桨传递功率，并通过变距机构以改变尾桨的桨叶迎角。

BELL206B3 型直升机尾桨毂内的轴承上装有为桨叶提供挥舞轴线的一个带齿槽的十字轴头，尾桨毂通过与其呈 90° 的传动轴固定。当十字轴头在桨毂上安装时，必须借助锥体工具使十字轴头、尾桨毂同心，否则将引起尾桨的振动。

5.1.2　尾桨的类型

直升机的尾桨按类型可分为 3 种：常规尾桨、涵道式尾桨以及无尾桨。

1. 常规尾桨

常规尾桨与直升机的旋翼构造基本相似，由桨叶和桨毂组成。常见的有跷跷板式、万向接头式和铰接式，如图 5.3 所示。

图 5.3　罗宾逊 R44 型直升机的跷跷板式尾桨

2. 涵道式尾桨

涵道式尾桨类似于一般的风机，将尾桨置于垂直尾翼的圆筒形涵道中，因此，通常称之为"涵道风扇"或"涵道"尾桨。涵道尾桨的特点是直径小、叶片数目多。涵道尾桨的推力有两个来源：一是涵道内空气对叶片的反作用推力；二是涵道唇部气流负压产生的推力。涵道尾桨的构造如图 5.4 所示。

装有涵道式尾桨的科曼奇直升机，如图 5.5 所示。采用这种尾桨时，垂直尾翼在直升机前飞时产生一部分空气动力，对尾桨起卸载作用；同时，垂尾面积的大小又要能保证当尾桨失效而直升机被迫自转下降时的全机气动平衡要求，即在涵道尾桨完全失效的情况下，直升机仍然能以一定的速度继续飞行。

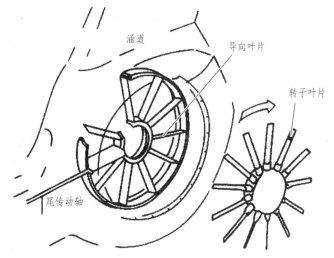

图 5.4　涵道式尾桨结构

图 5.5　装有涵道式尾桨的直升机

3. 无尾桨式

无尾桨式主要是用一个空气系统代替常规尾桨,该系统由进气口、喷气口、压力风扇、带缝尾梁等几部分组成,如图 5.6 所示。

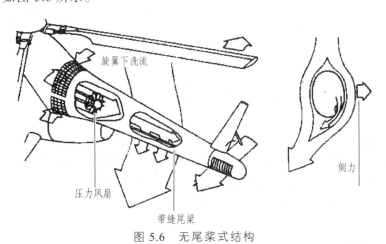

图 5.6　无尾桨式结构

压力风扇位于主减速器后面,由尾传动轴带动,风扇叶片的角度可调,与油门总距杆联 动。尾梁后部有一可转动的排气罩与脚蹬联动。工作时风扇使空气增压并沿空心的尾梁向后流动。飞行中,一部分压缩空气从尾梁侧面的两道细长缝中排出,加入到旋翼下洗流中,造 成不对称流动,使尾梁一侧产生吸力，相当于尾部产生了一个侧向推力以平衡旋翼的反作用力矩；另一部分压缩空气由尾部的喷口喷出，产生侧向推力，以实现直升机的航向操纵，喷气口面积由排气罩的转动控制，受驾驶员脚蹬操纵。

5.1.3　尾桨的功能

尾桨安装在尾减速器的输出轴上，随着旋翼一起转动。尾桨同旋翼工作状况相似，工作中始终处于不对称气流中，桨叶能够变距和独立地或整体地进行挥舞。在直升机前飞时，尾桨旋转面不垂直于迎面气流，这时，飞行人员可通过脚蹬的操作，改变尾桨桨叶角。当尾桨上对直升机产生的力矩大于或小于旋翼的反作用力矩时，直升机的航向发生改变。当尾桨力矩与旋翼的反作用力矩完全平衡时，直升机保持航向的稳定，如图 5.7 所示。

图 5.7　尾桨的功能示意图

尾桨系统的主要功用有以下几点：

（1）尾桨产生的拉力（或推力）对直升机重心形成偏转力矩，用以平衡旋翼的反作用力矩，并且可以通过加大或减小尾桨的拉力（推力）实现直升机的航向操纵。

（2）相当于一个直升机的垂直安定面，改善直升机的方向稳定性。

（3）某些直升机的尾桨向上斜置一个角度，可以提供部分升力，也可以调整直升机重心范围。

尾桨的旋转速度较高。直升机航向操纵和平衡反作用力矩，只需增加或减小尾桨拉力（推力），对尾桨总距的操纵是通过飞行员操纵脚蹬实现的。

5.1.4　尾桨毂及桨叶的主要失效模式

尾桨作为直升机的关键旋转部件之一，用来平衡旋翼产生的反扭矩，实现直升机的航向操纵和稳定。当尾桨失效或发生故障无法实现其功能时，将严重威胁直升机的飞行安全。

尾桨的工作转速较高，在直升机飞行过程中，尾桨挥舞铰螺栓、变距拉杆、挥舞铰轴承等关键部件需承受旋转弯矩、扭矩等多种载荷下的互相耦合，应特别注意防止出现金属疲劳，轴承磨损超标等状况。

尾桨系统的主要失效模式有以下几点：

1. 尾桨毂部分

其主要失效模式有桨毂挥舞轴承磨损超标或损伤、螺栓过度磨损或金属疲劳、桨毂上的橡胶件老化、桨毂内部拉纽带疲劳失效、变距拉杆金属疲劳、桨毂内径磨损超标或外界冲击引起的变形等状况，如图 5.8 所示。

断裂的尾桨挥舞铰螺栓

图 5.8　某型直升机尾桨挥舞铰螺栓断裂

2. 尾桨叶部分

（1）桨叶翼梁：其主要故障模式有疲劳断裂、裂纹、高能量外来物冲击引起的分层或断裂，老化引起的强度、刚度下降等。

（2）桨叶蒙皮：其故障模式主要有疲劳、裂纹、开胶、分层以及外来物引起的蒙皮击穿、表面破损、湿热，老化引起的强度、刚度下降等。

（3）桨叶后缘：其故障主要模式主要是后缘破损、开胶、疲劳以及裂纹等。

5.2　老龄直升机尾桨系统的维护

尾桨系统作为直升机的关键旋转部件之一，具有旋转速度高、轴承损耗速度快等典型特点。老龄直升机的尾桨系统因使用时间较长，其桨毂、轴承、衬套等部件均会出现不同程度的磨损，如图 5.9 所示。当尾桨毂、轴承等旋转部件磨损超标使得尾桨系统的振动增加，进而加剧尾桨系统等部件的磨损时，甚至可能引起尾梁裂纹等严重状况。

图 5.9　某型直升机桨毂内部螺纹衬套磨损超标

尾桨叶在使用后期也会出现前缘防磨带损伤、桨叶内部腐蚀、老化等状况，尾桨叶的损伤、老化可导致尾桨系统的气动力不平衡，也会使得尾桨系统的振动增加。由此可见，加强老龄直升机尾桨系统的维护，对保障直升机的飞行安全具有重要的意义。

5.2.1　老龄直升机尾桨毂的维护

直升机尾桨毂结构复杂，通常由桨毂夹头、尾桨变距控制组件、传动臂、尾桨拉纽带、尾桨挥舞铰轴承等部件组成，如图 5.10 所示。

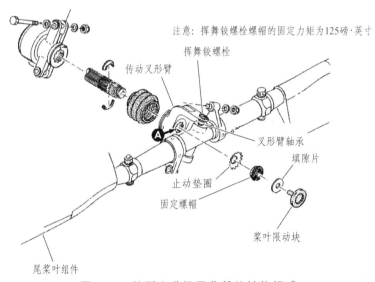

图 5.10　某型直升机尾桨毂的结构组成

直升机的尾桨毂为时寿控制件，在达到规定使用的飞行时间或年限后应进行翻修或报废。进入使用后期的尾桨毂因使用时间较长，桨毂各部件均出现不同状况的磨损，在维护中应注意做好以下几点工作：

（1）检查桨毂有无损伤，对于较小的 V 形缺口、刻痕及槽口可以采用打磨的方法对其进行修复。

（2）检查尾桨控制组件、传动臂有无损伤、压坑状况。

（3）检查挥舞铰轴承运动是否自如，轴承有无损伤和过大的磨损，若轴承间隙超标，且尾桨的高频振动增加，应及时更换轴承。

（4）对尾桨传动套齿等部件定期进行清洁、检查与润滑，若传动套齿出现磨损超标或其他损伤，应立即进行更换。

（5）对于尾桨毂组件中的橡胶件，随着使用时间的增加，橡胶件将出现老化，性能衰退等状况，应及时更换老化的橡胶件。

（6）定期对尾桨挥舞铰螺栓进行外观以及无损探伤检查，若螺栓外部磨损超标或螺栓内部出现疲劳损伤应立即更换。

（7）因胶圈老化、轴承磨损等状况，应定期使用振动测试仪对尾桨系统进行动平衡校验，确认尾桨系统的振动值在规定范围内。

5.2.2　老龄直升机尾桨叶的维护

直升机尾桨叶的制造材料通常为金属或复合材料，在桨叶的使用后期，金属桨叶将不可避免地出现腐蚀、损伤等情况，复合材料桨叶将出现疲劳等状况，为使桨叶处于良好的使用状态，应对其进行正确的维护与修理，尤其需要注意以下几点：

（1）保持桨叶清洁，清除桨叶上的污染物，以方便对桨叶进行检查，如图 5.11 所示。

（2）检查桨叶外部有无损伤，桨叶前缘有无腐蚀。

（3）桨叶漏水孔有无堵塞，特别对于金属桨叶，漏水孔堵塞使得桨叶内部出现无法察觉的腐蚀状况，且腐蚀产物不易去除，如有需要，可借助内窥镜检查桨叶内部的腐蚀状况。

（4）桨叶后缘密封胶有无破损或脱胶现象。

图 5.11　污染严重的尾桨叶根部

尽管尾桨叶的制造材料不同，但其检测方法基本相似。常用的金属与复合材料尾桨叶结构损伤检查方法如下：

（1）目视检测法，主要用于检查桨叶外表的损伤，如损伤位置、损伤面积及损伤程度等。

（2）敲击法，用于检查桨叶内部的分层、脱胶或裂纹等。

（3）无损检测法，用于检查桨叶内部的分层、损伤、桨叶结构近表面的纤维断裂或金属裂纹等。

5.3　直升机尾桨系统的振动分析及调整措施

尾桨作为直升机的关键部件之一，不仅可以提供反扭矩，实现航向的操纵，而且可以保持直升机的航向稳定性，尾桨系统的工作状态将直接影响直升机的飞行安全。尾桨通常离座舱较远，中间通过较长的尾桨操纵拉杆以及硬式的推拉杆进行操纵。所以，尾桨的振动很难传到座舱，驾驶员难以感觉到尾桨的状态变化而引起的振动响应。尾桨系统的振动通常表现为与机身纵轴垂直方向的振动，为提高直升机的安全性和维护性，有必要对尾桨系统的振动进行控制，使其振动值保持在规定的范围内，BELL206B3 型直升机尾桨系统如图 5.12 所示。

尾桨是直升机高速旋转部件，是直升机机体振动的主要振源之一，也是直升机故障的多发部件。从振动角度看，尾桨系统发生故障可概括为以下几类：

图 5.12　BELL206B3 型直升机尾桨系统

5.3.1　质量不平衡

理论上，直升机的每片尾桨叶的质量分布应该完全相同，尾桨的质量中心应该在桨毂中心。但尾桨叶在生产和装配过程中，不可能做到完全相同，因而尾桨叶在出厂时，通常要经过动平衡试验，保证各片尾桨叶在尾桨工作状态下，由于质量偏离桨毂中心而产生的离心力在允许的范围内。直升机在外场使用过程中，受各种因素的影响，这种质量平衡状态往往会有不同程度的破坏，如尾桨叶在潮湿或淋雨环境下因吸收水分或结冰。另外，新尾桨叶的使用，也可能破坏原来的平衡状态。

5.3.2 气动不平衡

每片尾桨叶的气动特性理论上也应是完全相同的，但使用过程中由于外力原因致使尾桨叶外形发生改变，这种改变通常会引起尾桨叶的轨迹超差，作为一种故障状态，需要及时发现和调整。尾桨叶的总距通过操纵拉杆进行调节，使用过程中，不恰当的拉杆调整量同样会引起尾桨叶间气动不平衡。

5.3.3 其他故障

直升机的尾传动系统中包含较多的机械部件，增大了发生故障的可能性。同时，尾桨系统的减摆器失效或者球柔性件故障也应视为重要故障。直升机尾桨系统的振动通常是由桨叶的质量不平衡和气动不平衡所引起的复合故障。

为准确测量尾桨系统的振动值，需在尾桨上安装专业的振动测试设备，如图 5.13、图 5.14 所示。

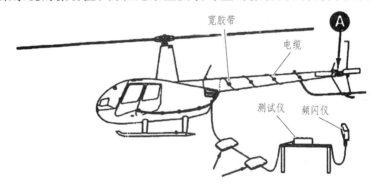

图 5.13　升机尾桨系统振动测试设备的安装

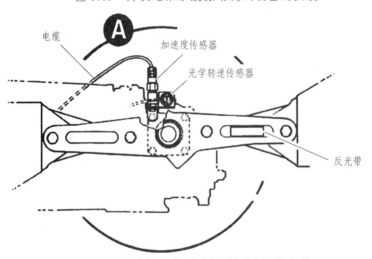

图 5.14　升机尾桨系统振动测试设备安装

针对多种可能造成尾桨系统振动的原因，考虑尾桨桨叶通常无调整片，尾桨系统振动的调整方法通常采取的措施为在尾桨配重盘上添加或减少配重达到控制尾桨系统振动的目的。图 5.15 为 BEEL206B3 型直升机尾桨系统的配重盘以及配重盘安装孔的方位图。

图 5.15　BELL206 直升机尾桨系统配重盘

配重盘四周均匀分布的 12 个孔为配置的安装孔。安装孔的位置固定并进行了编号，其中反光带的安装位置对应安装孔的 12 点钟方向（从直升机的左侧观察）。

根据 Model 2020 振动测试仪上显示的尾桨的振动值以及方位，如图 5.16 所示，同时按照尾桨振动调整图在配重盘安装孔上安装恰当的配重。

BELL206B3 型直升机尾桨振动分析图，如图 5.17 所示。

图 5.16　尾桨动平衡振动值及方位

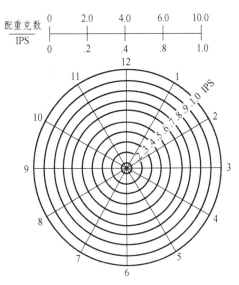

图 5.17　BELL206B3 型直升机尾桨振动分析图

定期对直升机的尾桨振动进行监测和调整，可有效地防止因质量不平衡或气动不平衡所产生的尾桨振动，对于减少尾桨组件的机件磨损，提高直升机飞行训练的安全具有重要意义。

5.4　尾桨系统典型故障分析

2016 年，国内某通航公司发生一起典型的直升机尾桨挥舞铰螺栓断裂不安全事件，直升机在执行单人单飞训练任务时，在起飞、爬升阶段尾桨挥舞铰螺栓突发断裂（参见图 5.8），导致尾桨丧失效能，机体抖动，该机最终迫降，机体严重受损，如图 5.18 所示。

图 5.18　受损的某型直升机机体

尾桨挥舞铰螺栓作为尾桨系统的核心承力部件，不仅需要承受较大的弯矩，而且经受着很大的交变载荷。

直升机尾桨系统由尾减速器、桨毂、叉形组件、锥形轴承、尾桨拉纽带、尾桨变距机构以及两片尾桨叶组成，如图 5.19 所示。两片尾桨叶分别安装在桨毂两端并与拉纽带相连，通过变距操纵连杆将尾桨叶变距摇臂与尾桨变距机构相连，桨毂通过锥形轴承、尾桨挥舞铰螺栓与叉形组件相连固定在尾减速器输出轴端，通过改变尾桨叶的桨距从而实现直升机的航向操纵。

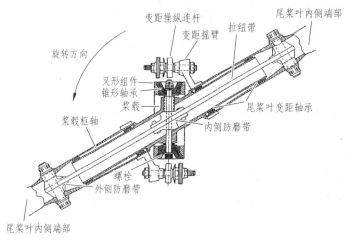

图 5.19　某型直升机尾桨系统组件结构

作为尾桨系统的重要承力部件尾桨挥舞铰螺栓贯穿于尾桨毂，并通过锥形轴承将尾桨毂固定在叉形组件上，通过对尾桨挥舞铰螺栓施加正确的力矩以确保该螺栓的伸长量在规定的范围内，以确保挥舞铰螺栓在带动尾桨旋转时，使得尾桨毂以挥舞铰螺栓为轴心绕锥形轴承自由挥舞。

5.4.1　螺栓断口宏观检查

断裂后的尾桨挥舞铰螺栓如图 5.20 所示，该部分为螺栓的中间段（螺纹段脱落并丢失、螺栓头因卡滞被切除），长度约 60 mm，该段螺栓无明显的弯曲变形及磨损状况，但该段螺栓表面可见明显的锈蚀痕迹。

螺栓左侧为断口，断口略有高度差，下侧较平坦，上侧略粗糙，断口位置为螺纹端轴承边缘位置，其侧面的锈蚀状况较严重。

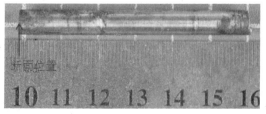

图 5.20　螺栓及其断口宏观形态

5.4.2　螺栓断口微观检查及能谱分析

利用扫描电镜对尾桨挥舞铰螺栓断口进行微观检查，通过断口的微观特征（见图 5.21），可见断口起源于下侧近表面处（距螺栓表面约 1 mm 的位置），并出现向左、右两侧扩展的放射棱线特征。

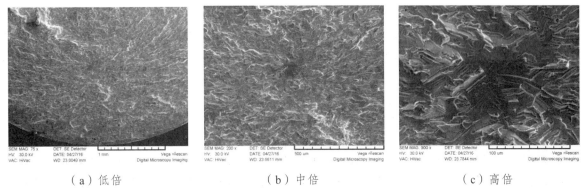

（a）低倍　　　　　　　　　（b）中倍　　　　　　　　　（c）高倍

图 5.21　螺栓断口的微观特征

从螺栓断口疲劳源向左、右两侧疲劳扩展前期、中期和后期的微观特征（见图 5.22 和图 5.23），可见断口各区域疲劳特征明显，有细密的疲劳条带特征，疲劳扩展充分。

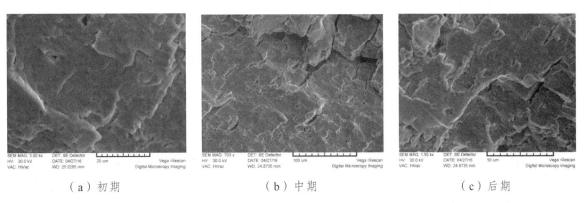

（a）初期　　　　　　　　　（b）中期　　　　　　　　　（c）后期

图 5.22　螺栓左侧疲劳扩展初、中以及后期微观特征

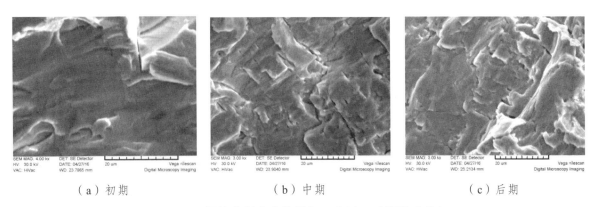

（a）初期　　　　　　　　　（b）中期　　　　　　　　　（c）后期

图 5.23　螺栓右侧疲劳扩展初、中以及后期微观特征

通过对尾桨挥舞铰螺栓的微观检查可知其疲劳源起于断口下侧近表面位置，源区位置无材料缺陷，断口从源区向左右两侧疲劳扩展，疲劳条带细密，疲劳扩展充分，因此可以判断该贯穿螺栓的断裂性质为疲劳断裂。同时，根据其断口特征可以看出，导致其疲劳断裂的循环应力较小，疲劳扩展周次较高。

通过对尾桨挥舞铰螺栓进行能谱分析，可知该螺栓材料为镍基合金，主要元素为镍、铬、铁，其含量分别为 50.78%、21.54% 和 19.64%，其余为钛、钒、铝等微量元素。

5.4.3　螺栓断裂性质

该尾桨挥舞铰螺栓断裂于螺纹根部，疲劳起源于螺栓近表面位置，断口各位置均可见明显的疲劳条带特征，疲劳区面积占断口总面积的80%以上，因此，可以判断螺栓的断裂性质为高周疲劳断裂。

5.4.4　螺栓断裂原因分析

考虑尾桨挥舞铰螺栓在工作中不仅承受着尾桨产生的交变载荷，而且还经受着尾桨组件传递的扭矩，结合尾桨挥舞铰螺栓断口特征进行分析，导致尾桨挥舞铰螺栓发生疲劳断裂的原因有3种可能：

（1）未对尾桨挥舞铰螺栓施加正确的预载荷。尾桨挥舞铰螺栓在最近一次安装时未能建立正确的预载荷，其伸长量未在规定范围内，使得尾桨毂（或螺纹衬套）安装孔与螺栓之间出现过紧配合，并掩盖了螺栓头未施加正确力矩的事实，从而导致尾桨挥舞铰螺栓与桨毂（或螺纹衬套）之间匹配不良而产生了附加应力。

（2）尾桨挥舞铰螺栓在安装时未配置恰当厚度的填隙片。尾桨挥舞铰螺栓在安装时，未能有效测量叉形组件内径、尾桨毂外径以及防尘垫片的厚度，使得尾桨毂与叉形组件之间所安装填隙片的厚度不恰当，致使无法消除叉形组件两端锥形轴承的松动以及尾桨挥舞铰螺栓的轴向间隙，尾桨毂无法以挥舞铰螺栓为轴心绕锥形轴承进行正常的挥舞运动。

（3）尾桨毂（或螺纹衬套）安装孔污染。在最近一次安装尾桨挥舞铰螺栓时未能将污染物从尾桨毂（或螺纹衬套）安装孔中完全清除，使得该螺栓与尾桨毂（或螺纹衬套）安装孔之间产生过度摩擦，安装较为困难，导致该螺栓在安装时产生疲劳扭转。

综上所述，某型直升机尾桨挥舞铰螺栓的断裂性质为典型的高周疲劳断裂，且疲劳断裂发展较充分，其疲劳裂纹从萌生到最后断裂经历了较长的时间过程，因此，加强老龄直升机尾桨系统的维护，对保障直升机飞行安全具有极为重要的意义。

第6章　老龄直升机起落架系统维修

6.1　概　述

起落架作为直升机地面停放和起降时的主要承力部件，在地面停放时，起落架是支撑飞机的唯一部件，而在起降时又是重要的缓冲装置。直升机起落装置的主要功用是吸收着陆接地能量，减小着陆时机体受到的撞击载荷，保证直升机具有地面滑行能力，减小滑行时的地面撞击与颠簸，抗坠毁与防止地面共振。

直升机的起降过程是一个复杂的结构动力学过程，起落架与机体结构，特别是旋翼、尾桨和动力装置等系统之间存在耦合，其力学环境比固定翼飞机更为复杂，若旋翼-机体耦合振动系统动不稳定，旋翼系统产生的激振力的频率和全机在起落架上振动的固有频率接近，桨叶的摆振和全机在起落架上的振动就会互相加剧，恶性循环，几秒钟内就可使振幅加大到毁坏直升机的程度，即直升机发生"地面共振"现象。因此，起落架是直升机的主要部件之一，其性能的优劣直接关系到飞机的使用与安全。

对于机务维修而言，起落架是重点关注部件，特别是随着直升机使用年限的增加，以及飞行和停放环境的影响，起落架结构构件可能出现不同程度的疲劳、腐蚀和损伤，从而影响飞行安全。在飞机的日常维护中应加强起落架系统维护，特别是老龄直升机起落架系统的维护，保障起落架的性能及部件完整性。

6.2　起落架的类型

按布置形式来分类，直升机的起落架一般可分为滑橇式、前三点式、后三点式和四点式等，其中以滑橇式、前三点式被广泛采用。由于滑橇式起落架没有轮子不能直接滑动，因此还可以将直升机的起落架简单划分为滑橇式和轮式两种，轮式又可以细分为可收放和不可收放式。

滑橇式起落架一般用于轻型直升机，结构简单可靠（见图6.1）、质量轻、制造维护方便，便于捆绑外载荷，还可作为无动力自旋着陆的缓冲。滑橇式起落架又可分为低橇和高橇起落架系统，一般采用弓形梁（又叫横管）作为主要的缓冲和支撑结构，由橇管或者橇管下方的防磨板（橇靴）接触地面，承受正常接地时的磨损。部分机型的滑橇上还安装有阻尼减振装置用来加强缓冲直升机降落、坠落时的冲击，同时还可以缓解直升机"地面共振"的发生；滑橇与直升机底部之间，一般采用带有橡胶缓冲垫的卡箍进行连接；起落橇上有用于安装地面操纵轮的装置和供拖曳用的拖环，在前后横管上还可以选择安装翼形整流罩，用以减小直升机前进时的阻力。

然而滑橇式起落架的缺点也很明显，如起降缓冲效果差，仅凭其自身变形能够吸收的能量有限，同时滑橇在地面的移动不便——必须单独加装带有轮子的支架或者小拖车进行辅助才能方便地移动直升机，很难进行滑跑起飞或者着陆。因此随着直升机吨位的增加，滑橇式起落架的局限性就越来越大——轻型和超轻型直升机里比例还很高，但到了中型直升机里就非常少见了。

图 6.1　滑橇式起落架直升机

中型和重型直升机普遍采用的都是轮式起落架设计。这类起落架普遍采用油气缓冲器作为主要的缓冲结构，对于冲击和振动的吸收效率能够达到 80%～93%。轮式起落架相比滑橇式起落架的复杂，不仅在于支撑结构和缓冲设计上，还包含其他必要的系统，如刹车制动系统、可收放式起落架的液压收放系统等。按布置形式来分类，直升机轮式起落架一般可分为前三点式、后三点式和四点式等，如图 6.2～图 6.4 所示。为防止尾桨打地，前三点式起落架直升机多在尾梁或垂直安定面下部

图 6.2　前三点式起落架直升机

图 6.3　后三点式起落架直升机

图 6.4　四点式起落架直升机

安装尾橇；后三点式起落架的尾轮一般安装在尾梁上；四点式起落架一般是为了增加直升机吊挂货物的空间。直升机轮式起落架可以类似固定翼飞机实现滑跑起飞和滑跑着陆，既可以利用总距，又可以利用周期变距实现“地面滑行”，而利用周期变距时，下洗气流小、能见度好。轮式起落架还可划分为可收放式和不可收放式，不可收放式起落架结构简单，维护方便；可收放式起落架便于收起起落架，飞行阻力小。

6.3　老龄直升机起落架系统的维护特点

起落架是飞机结构的一个重要承力部件，随着直升机的老龄化，起落架系统面临的问题与飞机其他部位面临的问题基本一致，主要是金属件磨损、腐蚀、疲劳、断裂，非金属件老化等典型失效形式。腐蚀的广泛出现，使金属的疲劳性能明显降低，潜在的疲劳裂纹增加，部分结构件的应力腐蚀和疲劳裂纹将对飞机的安全构成较大威胁。轮式起落架的减振支柱、刹车系统和液压收放系统因液压密封件老化而导致油液渗漏的故障率大大增加。

针对老龄直升机起落架系统的特点和典型失效形式，应合理制订老龄直升机起落架系统检查方案，严格按照维护手册的要求对起落架进行检查和维护，加强腐蚀控制与防护，视情调整重要区域的腐蚀控制与防护的检查间隔，做好关键部位的防腐工作；加强起落架各连接部位的紧固和检查，加强关键部位的日常检查，切实保障老龄直升机的持续适航安全。

6.3.1　滑橇式起落架系统的维护

直升机滑橇式起落架结构简单，维护方便。标准滑橇式起落架装置一般由两个铝合金主橇管和两个弯曲的铝合金横管构成（见图 6.5），在前后横管上可选择安装翼形整流罩，起落橇由 4 个固定组件与机身结构相连，便于拆卸和安装，起落橇上有用于安装地面操纵轮的装置和供拖曳用的拖环。橇管上有可更换的橇靴，橇靴用来承受正常接地时的磨损。滑橇式起落架的横管是弓形的，又叫弓形梁，是直升机主要的缓冲和支撑结构，通过横管的变形来吸收直升机着陆时的地面冲击，因此，滑橇式起落架的维护重点就是横管和橇管。

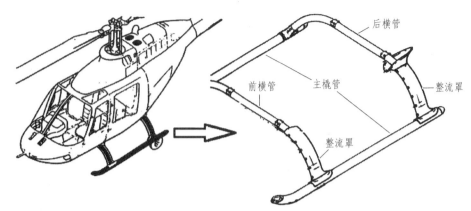

图 6.5 标准滑橇式起落架装置示意图

1. 横管的检查

检查前、后横管与机身接头以及橇管之间的连接固定情况，保证所有螺栓固定可靠；检查横管是否有过度弯曲现象，横管通常的情况是逐渐弯曲，而且弯曲量小。如果发现明显的过度弯曲，应用千斤顶顶起飞机检查其偏度是否在手册规定的范围内，视情更换超过规定的横管；检查横管应无磨损、腐蚀、裂纹、压痕或其他损伤现象，若横管上安装了整流罩，应定期拆下整流罩对横管进行全面检查。横管是重要的缓冲受力部件，其失效形式主要是偏度超限和金属疲劳裂纹，特别是老龄飞机易出现疲劳裂纹，裂纹一般出现在横管与橇管连接部位，出现严重裂纹时推动飞机会有明显的下沉感，此时应禁止继续移动飞机，应对起落架进行全面检查。图 6.6 所示为使用已达 26 年的某型贝尔直升机在特殊科目训练时，因金属疲劳加剧而发生滑橇突然严重撕裂的故障。

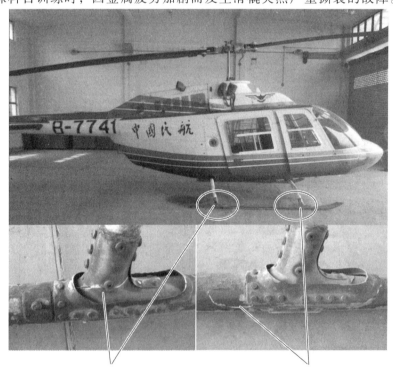

左后橇管：约30 cm   右前橇管：约10 cm

图 6.6 滑橇右侧横管前后连接部位裂纹示意图

2. 橇管的检查

橇管是飞机与地面直接接触的部件，橇管上有可更换的橇靴，橇靴用来承受正常接地时的磨损，因此，应经常检查橇靴状况，及时更换磨损超标的橇靴。检查橇管应无明显的磨损、腐蚀、裂纹、压痕或其他损伤，橇管与横管的连接处是重点检查部位。橇管前、后两端的防水密封应状况良好。

6.3.2　轮式起落架系统的维护

相对于滑橇式起落架，直升机轮式起落架结构复杂，包括油气减振装置、机轮和刹车装置、转弯操纵装置，以及起落架收放装置等。由于结构、材料、制造工艺、使用和维护等因素的影响，直升机起落架在外场使用中经常出现裂纹、腐蚀、轮胎爆裂、摆振、刹车失效、起落架放不下甚至着陆滑跑中起落架折断等故障，直接威胁到直升机和机上人员的安全。对老龄直升机起落架的检查还是以腐蚀和疲劳裂纹检查为主，下面对老龄直升机轮式起落架典型的常见故障进行分析，并提出维护建议和预防措施。

1. 起落架活动部件的润滑

轮式起落架，特别是可收放的轮式起落架，其结构中可活动部件众多，随着直升机老龄化，由于环境因素或者维护润滑不当，起落架各金属部件极易出现腐蚀现象，造成起落架运动构件锈蚀卡阻，紧固件无法取下甚至断裂，严重影响飞行安全。在维护实践中，前起落架防扭臂因润滑不良而导致其连接螺栓锈蚀的故障高发，锈蚀甚至导致螺栓、螺帽以及衬套相互粘连，无法轻松取出，只能采用暴力取出而导致部件损伤、螺栓断裂，如图 6.7 所示。究其原因一方面是防扭臂上的注油嘴设计缺陷，润滑脂注入困难，另一方面就是未定期对活动关节进行油脂补注，或注油周期过长，注油孔中油脂干枯使注油通道堵塞，导致无法将油脂注入活动面，活动面长期得不到润滑而出现锈蚀现象。因此，对起落架活动关节的清洁润滑十分重要，必须按照维护手册要求，合理安排润滑周期，及时进行油脂补注，特别是对于飞行时间少或长期停放的直升机还应视情拆下活动关节彻底清洁干枯的油脂，重新润滑后再安装。

图 6.7　前起落架防扭臂螺栓、螺帽锈蚀粘接

2. 起落架金属部件疲劳裂纹

起落架是飞机的主要受力部件，除了停放时支撑飞机外，在起降和滑行时还承受较大的冲击力，因此，随着直升机的老龄化，起落架各金属结构件在交变的应力作用下极易出现疲劳裂纹现象，特别是前起落架支柱壳体及相关接耳易出现裂纹，若外场检查时没有及时发现这些裂纹，直升机带着已裂纹的起落架参加飞行是非常危险的，一旦裂纹扩展将引起部件失效和断裂的严重故障，危及飞行安全。下面介绍几种典型的起落架部件疲劳裂纹故障。

1）起落架支柱壳体裂纹

安装了轮式起落架的直升机，一般采用油气式减振支柱作为缓冲装置，支柱内充气压力较高，支柱壳体长期承受高压载荷，可能会出现疲劳裂纹现象，特别是在直升机重着陆或起落架落地接地速度过大时，容易出现壳体裂纹，造成支柱释压和油液渗漏，如图6.8所示。

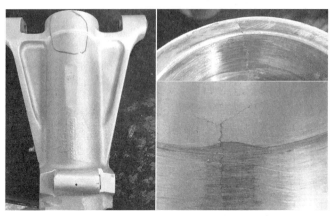

图6.8　起落架油气式减振支柱壳体裂纹

直升机在出现重着陆、起落架接地速度过大时，必须按照手册重着陆检查要求，对支柱壳体等起落架各构件进行详细检查，可借助适当的无损检测手段，必要时应拆下起落架各构件送内场做全面分解、探伤检查。日常维护检查时，应特别注意对起落架壳体的清洁和目视检查，一旦发现支柱壳体上有红色的液压油痕迹（见图6.9），必须采取必要手段做进一步检查确认。

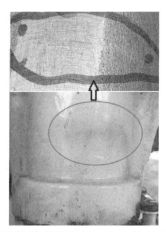

图6.9　外部油液渗出痕迹的支柱壳体及确认后的裂纹

2）起落架支柱接耳裂纹

起落架支柱壳体上还有各种连接接耳，用于连接相关功能部件，如转弯操纵杆连接接耳、减摆器安装接耳，以及可收放式起落架的收放撑杆连接接耳等。这些接耳连接起落架各功能部件，飞机在运行时接耳承受各种交变应力，且受力较大，在飞机长期运行后，接耳部位易出现疲劳裂纹。在飞机在发生重着陆、起落架接地速度过大或飞机地面滑行转弯过猛时，极易造成起落架壳体上的各接耳过载断裂现象，导致起落架部件失效，危及飞行安全（见图6.10～图6.11）。

因此，飞机在出现重着陆、起落架接地速度过大或飞机地面滑行转弯过猛时，必须对支柱壳体等起落架各构件进行详细检查，可借助适当的无损检测手段，必要时应拆下起落架各构件送内场做全面分解、探伤检查。日常维护检查时，应特别注意对起落架壳体的清洁和目视检查，如有疑点，应采取必要手段进行详细检查。

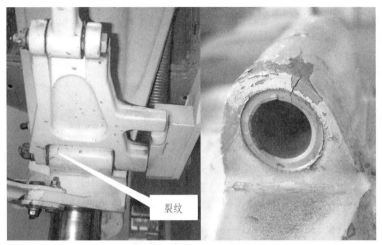

图 6.10　前起落架壳体连接收放撑杆接耳疲劳裂纹

图 6.11　前起落架减摆器接耳疲劳裂纹

3. 油液渗漏（减振支柱、刹车和收放系统）

直升机轮式起落装置中使用了液压油的系统一般有减振支柱、刹车系统和收放系统，其共同的特点是工作时油液压力较高，系统部件和管路受力较大，随着直升机的老龄化，系统发生油液渗漏的故障率显著增加。老龄直升机起落架装置发生油液渗漏的原因主要为系统密封件老化和金属部件裂纹。

减振支柱和刹车活塞密封胶圈的老化会导致密封件弹性降低，变硬易脆，密封效果显著减小，在日常维护中应加强老龄直升机相关部位的检查，一旦发现有油液渗漏痕迹，必须及时更换相关密封件，也可考虑一次性更换可能存在老化现象的密封件。

起落架减振支柱壳体和液压管路的裂纹原因一般包括疲劳裂纹、腐蚀裂纹、安装不当和受外力导致的裂纹，老龄直升机的裂纹主要为疲劳裂纹和腐蚀裂纹。

图 6.12 所示即为液压管路由于长期使用，在系统内部液压油高压和低压的交变载荷作用下，在其喇叭口变形结构处出现的疲劳裂纹。该类型的裂纹具有一定的隐蔽性，即使拆下检查，一般目视检查也不能发现裂纹，容易判断为喇叭口配合不当引起油液渗漏。该处裂纹的检查方法一般为拆下使用 10 倍放大镜仔细检查，也可将渗漏管路一端堵住埋入清水中，然后向管路中注入压力气体，通过查看到该喇叭口根部有无气泡涌出（见图 6.13），即可进一步确定该液压管喇叭口根部是否有裂纹存在。

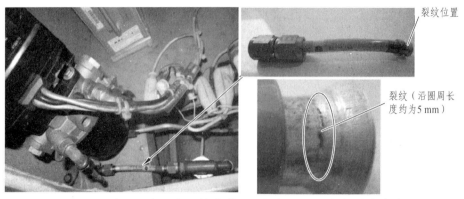

图 6.12　液压泵出口液压管路喇叭口根部沿圆周方向裂纹渗油

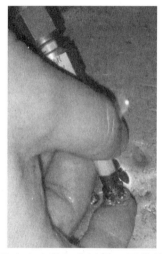

图 6.13　液压管在水中做气密试验，裂纹处会有气泡涌出

随着直升机的老龄化，机群周边的特殊环境（潮湿、污染物、盐分等）、露天停放和不通风的导管防磨护套等可能会引发金属液压导管表面腐蚀，导致管路液压油渗漏故障，该故障多发于有防磨护套且管路直径较小的刹车导管。当清除导管护套和表面沉积物后，可见导管表面腐蚀严重，并分布着较多细小坑点，其中较大且深的坑点即为穿孔渗漏发生处（见图 6.14）。另外，由于系统液压油中本身可能存在少量的水分，特别是在潮湿、含盐分的气候加上露天停放会使通过通气孔进入刹车液压系统内的水分和杂质增加，油液中的水分和杂质聚集到系统的最低点，从而在导管内部产生腐蚀。当清除导管护套和表面沉积物后，可见导管表面腐蚀不严重，仅穿孔处有较严重的腐蚀发生，渗漏孔周边并无大面积的腐蚀现象发生（见图 6.15）。当然，不管是导管表面腐蚀穿孔，还是导管

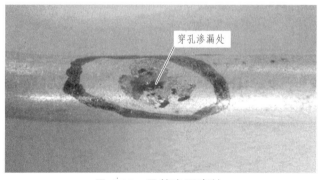

图 6.14　导管表面腐蚀

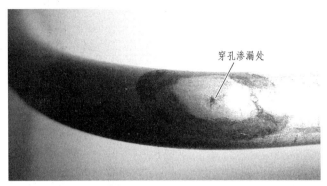

图 6.15　导管内部腐蚀

内部腐蚀穿孔，这两种腐蚀现象都是同时发生的，只不过某一种表现得更为强烈而已。对管路腐蚀渗漏的预防主要是尽量减少飞机的露天停放，定期清洁并除去管路护套内沉积的水分和杂质，并定期更换系统内部液压油。

4．电气线路老化

对于可收放起落架，起落架上排布较多的各种位置电门的电气线路，这些线路将随着起落架一起运动，在收放过程中将发生不同程度的变形弯折。随着直升机的老龄化，直升机的电气线路将不可避免地出现老化现象，老化变硬的导线在反复变形弯折中极易出现断裂故障，特别是在位置电门导线束走向不合理时，将使导线束在电门根部弯折角度过大，在起落架反复收放过程中，导线束也随之反复弯折，电门根部导线受较大弯曲应力而出现断裂，如图 6.16 所示。断裂的线路将给出错误的起落架状态指示，误导飞行人员的判断和操作，危及飞行安全。因此，日常维护中需注意检查起落架区域各电气导线的固定情况，导线应不存在弯折角度过大的情况，在铺设或安装各电气导线束时要保证各导线束的走向合理。

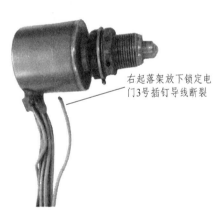

右起落架放下锁定电门3号插钉导线断裂

图 6.16　起落架放下锁定电门导线断裂

第 7 章　老龄直升机机体结构检查

7.1　概　述

对于所有的老龄直升机来说，长期运行以及在运行期间可能的长期停放，最直接、最有可能的整体状态趋势表现为结构件的疲劳损伤和腐蚀损伤。本章结构检查的要求与内容，正是如何检查和预防这类损伤，与维护手册无任何矛盾，是在遵循维护手册的原则基础上，即除了实施维护手册所规定的航线检查和定期维护检查项目，根据老龄直升机的运行状况以及故障、缺陷特征，有针对性地对相关部件和区域，进行及时检查和/或扩展检查并进行妥善处置，以满足航空器的持续适航性，保证飞行安全。

为了能够将检查区域划分清晰并便于进行区域性维护检查，我们将直升机机身结构检查的区域划分为 6 个部分，包括机身前部、机身中部、机身顶部、机身后部、尾梁、机身下部以及起落架（起落架部分有单独章节描述），以及除上述所提及的区域检查外，还有对载重与平衡的评估性检查部分。

7.2　机身前部

机身前部一般划分为机头段和驾驶舱段，有两个检查区域，机头区域和驾驶舱区域。

7.2.1　机头区域检查

机头是直升机流线型构型的最前部，一般有以下两类构型：
一是机头的流线型构型与风挡玻璃（包括观察窗风挡），二是前整流罩构型和隔舱构型。

1. 机头的流线型构型与风挡玻璃（包括观察窗风挡）

1）检查部位/部件

外部构型、风挡（上下部）及其边框、边框封严压条。

2）维护检查内容与要求

整个机头的外部构型应保持原设计流线型，整流罩完整无缺陷、凹坑、裂纹以及变形损伤。风挡边框封严压条应无老化、脱落。

风挡（上、下部）边框是否出现疲劳性裂纹、凸起或塌陷、铆钉松动或缺失等，同时也要注意这些边框是否存在腐蚀损伤。图 7.1 分别给出了 3 种机型机头以及风挡构型。这类铝合金边框如果发生腐蚀，初期一般为点状腐蚀、斑状腐蚀、丝状腐蚀，发展到后期则出现比较严重的晶界腐蚀。如果发展到晶界腐蚀，晶粒边界遭到破坏，不可修复，只能更换。在现代材料中，如果在铝合金中加入 12% 以上的铜，则能够使铝合金有效地避免丝状腐蚀。

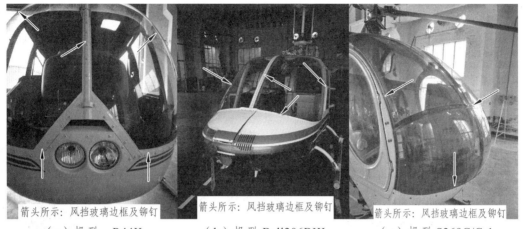

箭头所示：风挡玻璃边框及铆钉　　箭头所示：风挡玻璃边框及铆钉　　箭头所示：风挡玻璃边框及铆钉

（a）机型：R44II　　　　　（b）机型 Bell206BIII　　　　（c）机型 S269C/C-1

图 7.1　R44II、Bell206BIII 以及 S269C/C-1 机型前风挡

　　使用时间较长的前整流风挡玻璃应重点检查玻璃的完整情况以及老化龟裂或裂纹损伤。一般来讲，上部风挡玻璃容易遭受阳光照射导致老化，而下部观察窗玻璃容易遭受石子和/或砂砾冲击以及在正常维修过程中的人为损伤。

　　图 7.2 所示是 Bell206BIII 型直升机非常典型的风挡玻璃老化龟裂案例。从图中可以清楚地看见风挡玻璃上"蜘蛛网"状的龟裂纹路。该机曾长时间从事通航野外作业，具体发生诱因是由于通航作业的特点和停放条件，使其长时间露天停放以及长时间暴露在阳光直射下。出现这种情况，应尽可能在最短时间内整体更换该风挡玻璃。

风挡玻璃典型
的老化龟裂

图 7.2　Bell206BIII 典型的风挡玻璃老化龟裂

　　图 7.3 所示是座舱下部观察窗风挡玻璃遭受外力撞击导致的裂纹损伤，这是非常典型的因外力引发的永久性裂纹损伤。造成这类损伤的原因有两种情形，一是人为因素，主要是在工作过程中操作不当，部件/物品跌落、撞击玻璃导致裂纹损伤，这里不再赘述。二是起降点清场不够彻底，有外来物、石子、颗粒杂质等遗留，这些外来物、石子、颗粒杂质等在受到主旋翼下洗气流的作用后在机身周围做无规则运动，撞击座舱下部观察窗风挡玻璃。这样的外力损伤一般可分为两种类型，一类是不可修理损伤，需更换整块观察窗玻璃。另一类为可修理损伤，采用透明橡胶黏合剂进行黏合，并搭接加强片一并黏合。如果出现这类可修复的损伤，在修复并投入使用后，在日常维修工作中需

外力撞击裂纹

图 7.3　座舱下部观察窗风挡玻璃外力损伤

要特别关注这类损伤后的修复区域。如果无法终止损伤的延展和扩散，则应立即更换相关观察窗玻璃。

2. 前整流罩构型和隔舱构型（见图 7.4）

前整流罩构型和隔舱构型一般用于机载电瓶和/或雷达设备的安装。这类构型一般在机头部分和机身中部，结构都由铝合金蜂窝结构构成。

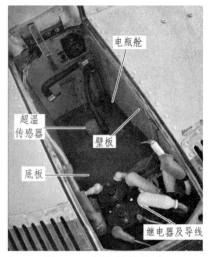

图 7.4　电瓶舱的检查

1）检查部位/部件

蜂窝结构构型、隔舱底板钣金件、隔舱壁板、超温传感器、继电器及其导线、电瓶舱盖板弹簧片（如果安装有雷达设备，需注意检查雷达天线支架以及底座情况）。

2）维护检查内容与要求

蜂窝结构构型正常，无鼓泡和凹坑，如果有怀疑，可用手掌轻轻拍击，应无振荡和杂音。如果出现振荡和/或杂音，则说明内部的蜂窝结构已出现断裂松动或结构遭受腐蚀。蜂窝结构的具体修理方法和程序属于航空器结构修理范畴，这里不再做更多的陈述。另外，对于蜂窝结构的覆盖层（蒙皮），必须仔细检查，不得有裂纹、凹坑、塌陷、鼓泡等，一旦蒙皮出现这类情形，往往预示着内部的蜂窝结构已经遭受腐蚀，这类腐蚀是不可修复的，只能将遭受腐蚀的蜂窝结构区域切割，或整体更换，用等同强度的蜂窝结构粘接处理。

隔舱底板钣金件、隔舱壁板结构件以及超温传感器、导线等是否遭受化学腐蚀或电化学腐蚀。在维护过程中需要对这些部位/部件进行及时清洁。尤其是铅酸电瓶的电解液，属于酸性溶剂，具有较强的酸腐蚀特性，如果出现电解液渗漏，必须及时更换电瓶，并对该区域进行彻底的清洁。近些年来，机载电瓶一般更新换代为镍铬电瓶，这类电瓶的电解液属于碱性电解液。尽管碱性电解液较酸性电解液的腐蚀性要弱，但最终还是会对这些钣金结构件以及部件造成腐蚀损伤。因此，也必须加以关注。

电瓶舱盖板弹簧片用于电瓶舱盖板的开启和闭合，该弹簧片已经出现过断裂失效情况，应注意及时检查和更换。

一般来说，直升机的钣金件和/或结构件损伤基本有以下 3 种情况：① 外力撞击；② 老化/退化；③ 腐蚀。

如果钣金件和/或部件已经出现损伤，应及时查明原因并及时进行相应的处置。其中的腐蚀损伤必须引起足够的重视，因为对于任何形式的腐蚀，随着腐蚀侵蚀时间的增加，不仅会在腐蚀程度上逐渐加剧，还会以腐蚀介质通过涂层传递的方式，使已遭受腐蚀以外的区域界面发生化学和/或电化学反应，导致腐蚀在其他区域出现蔓延的趋势。

7.2.2　驾驶舱区域检查

驾驶舱位于机身前部，承载飞行员（也可以用于载客），也是一部分机载设备和操作机构的安装区域。有些机型座舱设计为单排座舱，驾驶舱属于驾/乘两用舱。

1. 座舱中央仪表面板台下部区域

1）检查部位/部件（见图 7.5）

底部甲板、壁板、边框等内部金属钣金件和构架、底部甲板与壁板的边角结合区域。

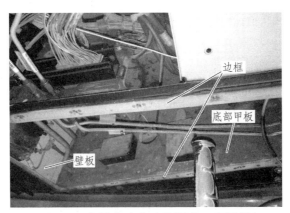

图 7.5　座舱中央仪表面板台下部区域

2）维护检查内容与要求

底部甲板、壁板、边框等内部金属钣金件和构架，是否出现裂纹、变形以及疲劳性皱褶；同时，还需要密切关注这些区域/部件是否出现晶界腐蚀和化学腐蚀。由于该区域基本属于封闭式区域，在检查时还需要仔细查看底部甲板与壁板的边角结合区域，这类边角区域极易滋生微生物，聚集到一定程度就会产生微生物腐蚀。另外，在检查底部甲板区域时，还需要注意两个方面：

（1）某些指示仪表（早期）不是电（或电磁感应）驱动，是通过液力传递。比如滑油压力、液压力等，因此，需注意底部甲板区域表面是否出现油渍，以判明这些指示仪表后面的管路接头和/或肘弯管接头是否封严。

（2）对于底部甲板这个部位来说，一般还用于动静压导管和/或通气孔导管的中段固定。

图 7.5 中导管在底部甲板上固定，是采用封严胶圈的软式固定。应特别注意这类封严胶圈的完整性以及老化情形，这些橡胶件的缺损和老化变形，将增加底部甲板区域的潮湿度，或将加剧相邻结构件腐蚀和微生物腐蚀的发生。

2. 座舱座椅下部隔舱

1）检查部位/部件（见图 7.6）

座椅下部隔舱的结构件、隔舱地板边角区域、操作系统及部件（总桨距杆、周期变距杆、轭头组件）、枢轴及枢轴镜面轴承、平衡恢复弹簧、五金紧固件。

2）维护检查内容与要求

座椅下部隔舱的金属结构隔框应无裂纹、变形；隔框的底板以及壁板形状保持良好，无机械损伤和腐蚀损伤，该部位的腐蚀一般为晶界腐蚀。如果出现腐蚀痕迹，需要及时、彻底清除，并喷涂防腐剂和涂抹防护涂层，以防腐蚀进一步扩展，造成部件的不可修复损伤。

隔舱地板边角区域，是霉菌生成的高发区，在检查过程中需要进行彻底的清洁，以防止该区域的微生物腐蚀。

对于腐蚀的防控，一般原则是"有腐必除，除腐必净"。如果有必要使用防腐剂（比如 WD-40 或等同物）时，需要注意的是，使用后一定要尽量让该区域的空气保持流通，以消除或减小气味的留存，不要给飞行机组人员造成嗅觉上的错觉。

操作系统及部件，这个区域主要包括有总桨距杆、周期变距杆、轭头组件。总桨距杆杆体应无机械损伤（如划痕、凹坑、裂纹）和变形弯曲，操作自如无卡阻。对于大多数老龄直升机，总桨距杆最前端的油门手柄，其护套都或多或少地出现老化、材质剥落等缺陷，需要及时更换上新的护套。

周期变距杆的检查，除了对杆体进行必要的损伤检查外，还需要将根部的防护罩拆开，检查转动关节是否灵活，有无卡阻、机械损伤等。

轭头组件实际上是总桨距杆与周期变距杆的联动以及随动补偿装置，这种装置被广泛地使用在大多数直升机的操作系统上。这里主要检查联动关节的卡阻、损伤以及表面漆层情况。与后面要讲的枢轴一样，轭头的联动结构外表面都喷涂有防护漆层，如果漆层出现鼓泡或者线状凸起，这是点状腐蚀或丝状腐蚀的表象。鼓泡或凸起的漆层下面有可能已经出现点状腐蚀或丝状腐蚀，继续发展下去就是较为严重晶界腐蚀。因此，应特别注意这类防护漆层是否出现脱落、鼓泡，如果出现漆层脱落，应查明原因并重新打磨上漆；如果出现鼓泡或线状凸起，应去除该区域内的漆层暴露出金属表面，在仔细检查并判明原因后，在修理限制范围内进行重新处置，并重新喷涂漆层覆盖。

枢轴及枢轴镜面轴承，除了前面提到的检查轴体物理损伤、腐蚀损伤以及五金紧固件损伤外，重点是检查镜面轴承。该轴承实际上是一个钢质转动轴体，其表面经过高精度镜面抛光处理。由于不得使用润滑油脂润滑的特性，因此在维护中必须使用干净擦布对其镜面进行擦拭，以保持镜面的干燥与光洁度。此处基本上没有遭受化学腐蚀的条件，但最有可能遭受潮湿空气或氧化反应而形成金属氧化物，即锈蚀。如果含有较多的杂质成分，这些杂质就会和金属形成化学原电池，从而导致电化学腐蚀。

图 7.6 中的详图 A，就属于非常典型的锈蚀。原本整个轴承镜面应该光洁照人，但现在已被金属氧化物（锈蚀）所覆盖，锈蚀仍处于氧化物生成阶段，如果不及时处置，距严重的电化学腐蚀只是时间问题。这类锈蚀不是短时间形成的，因此，对于日常维护或定检维护来说，维护检查一定要到位，并且单就镜面轴承的维护来说，实际上也就是用干净抹布擦拭一次而已。如果能在维护中保持清洁，及时处置所出现的锈蚀，绝对不至于锈蚀到图示这种状况。

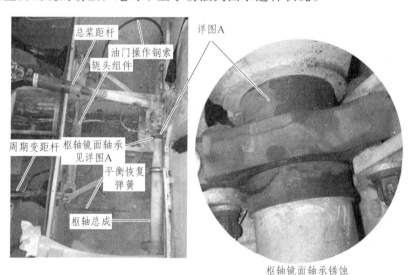

图 7.6　座舱座椅下部区域及部件

3. 驾驶舱舱门

驾驶舱舱门的检查，维护手册提供了详细的检查要求和内容，这里所提及的是老龄直升机舱门的内部检查以及外形结构检查。

1）检查部位/部件

舱门内部锁机构、舱门内部的微生物、舱门外形结构。

2）维护检查内容与要求

锁机构有无裂纹、变形以及腐蚀，尤其是微生物聚集。在维护手册中，一般没有涉及舱门内部的检查。但对于老龄直升机来说，应该有针对性的对该区域进行定期和/或不定期的检查。检查深度仅限拆卸舱门至能目视检查到锁机构和舱门内底部区域为止即可。

（1）如果锁机构出现裂纹、变形，则应更换锁机构；如果仅出现腐蚀，在可接受的修理限制内，去除锁机构腐蚀物并施用防腐剂。

（2）如果舱门底部未出现微生物堆积，则进行常规性清洁。如果出现微生物堆积（或许已产生微生物腐蚀），则在可接受的修理限制内，去除舱门底部区域腐蚀物并施用防腐剂。

（3）如果施用了防腐剂处置，则需要进行充分的对流通风，且用干净抹布擦拭多余的防腐剂，以免防腐剂气味误导飞行员，或防腐剂气味伤害飞行机组人员以及维修人员。

除了舱门内部检查外，舱门外形结构也是老龄直升机需要关注的问题。一般表现为舱门外形结构遭受外力导致机械性变形损伤，如图 7.7 所示。

这类遭受外力导致的机械性变形损伤，主要有两方面因素：

（1）拆卸舱门时操作不当，或者拆卸后未妥善放置。

（2）降落时遭受重着陆。

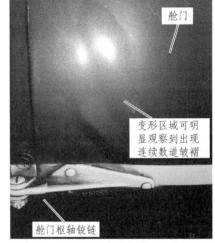

图 7.7　舱门变形皱褶（遭受外力）损伤

对于出现的这类问题，需要及时查明原因。如果属于拆卸舱门时操作不当，或者拆卸后未妥善放置，基本上不需要进行任何检查，对舱门视情修复即可。如果属于遭受重着陆，必须依照维护手册的要求，进入重着陆后检查程序进行检查。遭受重着陆的情形不仅限于驾驶舱门，也可能出现在客舱门、行李舱门以及机身外部结构处。

7.3　机身中部

机身中部是由隔框、桁条、蒙皮以及蜂窝结构构成，一般包括有客舱段，但某些通用类轻型直升机没有设置客舱，这种情形下一般是将主减速器的安装区域界定为机身中部（这里是指通用航空器。其他特殊布局的直升机如俄罗斯 KA 系列双主旋翼共轴和美国支奴干双主旋翼首尾布局等除外）。一般有两个检查区域，外部区域和内部区域。

7.3.1　外部检查区域

这里的外部检查区域，是指直升机中部的外部构型、发动机舱和整流罩或客舱门区域，应处于完好、完整以及设计制造线型保持良好状态。

1．检查部位/部件

整个中部构型、蜂窝结构构型、发动机舱、连接/铆接件、锁扣紧固件、整流罩以及相应的检查窗口或客舱门等。

2．维护检查内容与要求

整个机身中部的构型以及以发动机舱，可以通过常规目视检查以确认整个构型的完整与完好，构型是否出现裂纹、变形、扭曲以及遭受到损伤。这类损伤一般有外力机械损伤和腐蚀损伤。外力机械性损伤一般比较明显，而腐蚀损伤则可以通过检查构型的平滑性或凹痕、鼓泡等表现形式来加以判断和分析确认。尤其是蜂窝结构，必须保持构型完整、完好，无鼓泡和凹陷等。

外部结构铆接准直性检查，也是非常重要的一种检查方式。随着使用时间的延长，老龄直升机某些外部结构铆接准直可能会出现铆接准直失衡，最典型的表象为铆接部件准直错位。造成这种后果的因素主要有两个方面的原因：一是铆接件老化，刚度衰减；二是遭遇过重着陆。因此，如检查发现铆接准直性失准，除了对铆接件的刚度进行检查确认并更换铆接件外，还应重点关注直升机是否遭遇过重着陆，如遭遇了重着陆，则进入重着陆后的检查程序。另外，随着通用航空作业的地域扩展，直升机的陆路运输被广泛地采用。在陆路运输过程中，直升机或将遭遇机身的外力损伤以及因颠簸引起的损伤。如果发生因颠簸引起的损伤，一般来讲，需要依照重着陆后检查程序和检查内容进行全面检查。铆钉的松动可通过观察铆钉边缘圆弧区域是否出现"黑线"来判断，这是由于铆钉松动后出现细微缝隙，杂质或油渍进入所致。如果铆钉周围出现"黑线"，需要及时查明原因并尽可能在最短时间内处置，否则，松动的铆钉将以微震磨的方式加剧磨损其孔径，使铆钉孔径扩展，导致结构性损伤或增加维修/修理成本。

锁扣等紧固件的检查，一是对锁扣等紧固件的功能性检查，二是对锁扣等紧固件的连接/铆接区域的检查。老龄直升机的锁扣紧固件一般都会出现功能性减退以及连接/铆接区域的缺陷。如果有必要，应更换锁扣紧固件，重新进行连接/铆接。这里要注意的是连接/铆接区域不得出现裂纹、疲劳、变形以及腐蚀性损伤，如果出现这类损伤，则应进行结构修理后再进行连接/铆接。

整流罩的检查一般是指对整流罩的整体性检查，包括整流罩边角/边缘是否出现缺失、整流罩是否出现裂纹和/或变形等。这类缺陷大多是因为维修工作的重复拆装所致，而维修工作中的检查往往忽略了这类检查，未及时进行弥补性修复。在我们对本单位通用航空器的检查中，这类整流罩缺陷占比还是比较大的，需要引起足够的重视。

客舱舱门的检查，与前面提到的驾驶舱舱门的检查基本一致，这里不再赘述。这里要着重强调的是客舱舱门风挡玻璃损伤。客舱舱门风挡玻璃损伤与驾驶舱风挡玻璃损伤，在损伤性质上有差异。其损伤大都为永久性裂纹损伤，而非疲劳性损伤或阳光直射引起的老化龟裂，主要是在拆卸舱门后的不正确、不妥当的放置所致。尽管不涉及安全，但却增加了运行成本。

7.3.2 内部检查区域

综合来讲，通用航空直升机机身中部的内部检查区域一般有发动机支架结构、主减速器支架结构、机身顶梁及支撑结构以及客舱内部的某些飞行操作系统。

1. 检查部位/部件

发动机支架结构件、主减速器支架结构件、机身顶梁及支撑结构、客舱座椅下部隔舱结构、飞行操作系统以及客舱内顶部的一些检查窗口。

2. 维护检查内容与要求

除了检查发动机支架和主减速器支架外，重点应检查用于支撑发动机和主减速器的结构件，这些结构件是非常关键的部位。同时，对结构件附近的区域和结构件的连接紧固件也需要重点关注。这类结构件和结构件附近区域的损伤一般有疲劳裂纹、变形等机械性损伤和腐蚀性损伤。结构件的连接紧固件，如螺栓、螺帽等，除了检查腐蚀性损伤外，紧固件的松动与缺失，也是一个非常重要的检查环节。某些机型这类支撑结构件和紧固件能够比较直观、便利地进行目视检查，但在有些机型上这些检查需要通过拆卸检查口盖才能够实现。

　　图 7.8 为典型的腐蚀，发生在发动机支撑结构件下表面。某些区域已经出现较为严重的晶界腐蚀。对该区域的检查，需要从客舱内部，拆卸顶部的检查窗口盖板并拖出隔音棉。发生腐蚀的最主要原因是排水孔堵塞，水分无法排泄而浸入发动机支撑结构件区域导致腐蚀。而对同机型其他的直升机检查时，由于排水孔通畅，该支撑结构件下表面以及附近区域没有发现任何腐蚀。因此，日常检查不仅一定要到位，而且对于看似并不重要的部件/部位诸如排水孔、管的检查与疏通，也必须做到检查到位和处置到位。排水孔/管应保持通畅，如果出现堵塞，可采用机械疏通和/或压缩空气吹除疏通的方式。看似不怎么"重要"的排水孔/管，一旦疏忽检查，其后果是导致结构件的腐蚀，不仅增加了运行成本，还影响了航空器的飞行安全。

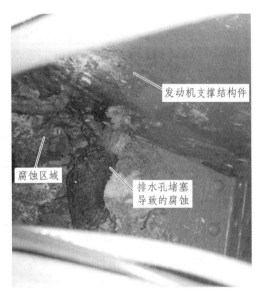

图 7.8　发动机支撑结构件腐蚀

　　机身顶梁及支撑结构，贯穿于整个机身前部和中部，是机身构型的主要构件。这类结构件及其支撑件的损伤一般有疲劳裂纹、变形等机械性损伤和腐蚀性损伤。结构件的连接紧固件，如螺栓、螺帽、铆钉等，除了检查腐蚀性损伤外，紧固件的松动与缺失，也是一个非常重要的检查内容，如图 7.9 所示。这类顶梁结构件一般是被装饰物遮盖，在检查时需要拆卸装饰物（板），也正是由于长期被装饰物遮盖，微生物堆积和由此生成的腐蚀，也是在检查中应该密切关注的检查项目。

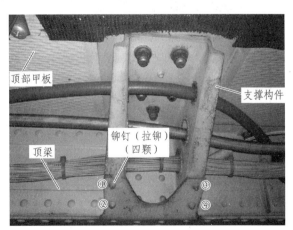

图 7.9　机身顶梁及支撑结构的检查

　　图 7.9 所示的支撑构件为主减速器前端安装构件的下部构型。在检查时发现支撑构件上的 4 颗

铆钉松动，其他构件均未出现裂纹、变形。这类铆钉松动为典型的老龄直升机结构件连接紧固件疲劳所致。

客舱座椅下部隔舱结构的检查与驾驶舱座椅下部隔舱结构的检查方式基本一致，此处没有更多的操作系统部件，主要是检查是否有微生物堆积或由此导致的微生物腐蚀。

在机身中部的飞行操作系统一般是指主旋翼总桨距操作和周期变距操作。对于无独立隔舱的操作系统，如施瓦泽 269C/C-1 机型，操作系统比较直观，直接对操作系统检查即可。对于有独立隔舱的操作系统，则需要拆卸隔舱的盖板，对隔舱底部区域、隔舱隔框以及隔舱壁板进行目视检查。隔舱底部区域由于长时间处于封闭状态，属于微生物堆积/腐蚀的高发区域。隔舱隔框以及隔舱壁板，应重点检查疲劳裂纹、变形等机械性损伤以及因潮湿环境引起的腐蚀损伤，尤其是需要判明腐蚀的类别和等级，及时处置，以免进一步导致更严重的晶界腐蚀。

图 7.10 是一个比较典型的、处于良好状态的飞行操作系统及其独立隔舱。飞行操作系统包括主旋翼总桨距操纵拉杆、主旋翼周期变距操纵拉杆。独立隔舱由壁板、底板（客舱甲板）以及隔舱盖板构成。整个隔舱完整性好、清洁良好。其壁板和隔框结构无裂纹、变形，无任何机械性损伤和晶界腐蚀损伤；其隔舱底板（客舱甲板）区域无微生物堆积或由此引起的微生物腐蚀。各操纵拉杆无机械性损伤、腐蚀损伤以及弯曲变形，拉杆漆层保持完好，拉杆接头清洁无损伤。隔舱盖板的游动螺母安装在位且固定良好。

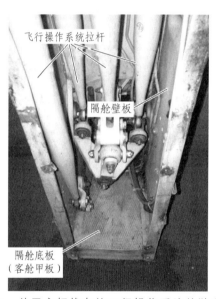

图 7.10　处于良好状态的飞行操作系统的独立隔舱

7.4　机身顶部

机身顶部主要用于承载发动机、主减速器、液压助力系统。也有某些型号的直升机，其发动机和主减速器被安装在机身中部的中下部区域。

7.4.1　检查部位/部件

顶部甲板构型及其蜂窝结构、主减速器上部整流罩；主减速器（位于顶部甲板上方）、液压助力器（位于顶部甲板上方）的安装支架及其安装结构件区域。发动机上部整流罩、排气尾管。

7.4.2　维护检查内容与要求

顶部甲板构型及其蜂窝结构的检查，请参阅前述机身前部，这里不再赘述。

主减速器以及发动机整流罩损伤及变形，是老龄直升机的共性表现。边角、边缘区域以及观察窗口（口盖板）发生磨损、变形、卷曲，甚至有缺损出现。这类损伤主要与平时日常维护关联度较大。需要维护人员拆卸时放置稳妥，检查时注意查看，并及时进行有效处置。而上部整流罩在平时检查维护中，其目视检查的可达性稍差，与整流罩中下部相比较，会有较多的遗留问题和缺陷，主要表现为变形、铆钉或安装螺钉缺失等。对于顶部整流罩的发动机排气尾管区域，由于处于高温区域，应当注意检查，该区域的损伤形式一般为磨损损伤和裂纹损伤。如果是磨损损伤，需要重新调整排气尾管与整流罩之间的间隙，以确认这二者之间没有摩擦干扰存在。如果是裂纹损伤，需要对裂纹区域进行损伤评估，一般均为可修理的损伤，但需要及时修复，以免裂纹出现扩展影响整个区域的结构并增加维修成本。

图 7.11 所示是一个比较典型的发动机上部整流罩。一般检查有铆钉和安装螺钉的在位情况检查和安装螺钉功能情况检查。这里需要重点检查排气尾管与整流罩之间的间隙，这个间隙（周围区域）处于高温区域，一是检查间隙是否恰当，无摩擦干扰出现磨损损伤；二是检查该区域的整流罩是否因高温出现变形、裂纹等损伤。

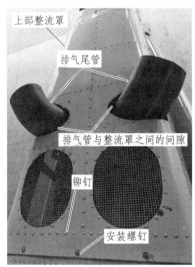

图 7.11　发动机上部整流罩

主减速器、发动机以及液压助力器等外部安装支架及其结构件，是非常关键的承重结构，需要密切关注和检查。前面已经对主减速器、发动机以及液压助力器等内部安装支架及其结构件检查进行了说明。这类外部结构件和结构件附近区域的损伤一般有疲劳裂纹、变形、磨损等机械性损伤，由于处于外部区域，腐蚀性损伤的概率较低。结构件的连接紧固件，如螺栓、螺帽等，主要检查紧固件的松动与缺失。机械损伤的原因一般是 4 个方面。① 拆装过程；② 正常使用过程的干扰性磨损；③ 正常着陆或重着陆的冲击；④ 安装支架及其结构件的疲劳退化。

1.　拆装过程

拆卸安装过程所出现的损伤，基本处于允许范围内，即或出现人为拆装损伤一般都可进行恢复修理。这里特别指出的是在安装时不正确的程序、方法以及力矩值，都将增加拆装过程的机械性损伤。因此，对这类部件（部位）的固定件、紧固螺杆、螺栓、螺帽等，应注意检查。直观的检查是观察其力矩标记是否出现移位或错位，如果出现这种情形，需要查明原因并及时排除。

2.　正常使用过程的干扰性磨损

这种干扰性磨损主要指该区域范围内的各操作拉杆、滑油软管、液压油导管等，与主减速器、发动机以及液压助力器等外部安装支架及其结构件发生干扰摩擦而造成的磨损损伤。因此，应注意检查是否有干扰接触磨损，如果出现，需要及时进行调整。

3.　正常着陆或重着陆的冲击

主减速器、发动机的外部安装支架及其结构件，在正常着陆时要承受一定的冲击载荷，而在重着陆时所承受的冲击载荷更大。如果出现损伤，大多为结构件的变形和/或裂纹损伤。这种安装支架及其结构件的变形损伤和/或裂纹损伤，直接影响飞行安全，并且是不可修复的，只能更换。因此，对这些部件需要特别仔细地检查，尤其要注意检查有重着陆显示标记的部位。如 Bell206BⅢ 型直升机主减速器下部止挡锥，涂有标记漆层，如果出现漆层脱落或出现撞击痕迹，则需要查明原因或进入重着陆后检查程序。

4. 安装支架及其结构件的疲劳退化

主减速器和发动机安装支架及其结构件，一般不属于时控件，尤其是安装结构件，固定在机身机构上，使用时间基本上与航空器保持一致，也属于老龄部件。在依照工作单检查时，对这些老零部件或结构件应重点检查。如一旦确认出现疲劳损伤，在飞行前需更换这些部件以及结构件。

7.5　机身后部

机身后部一般是指从行李舱至机身连接尾梁的部分，包括行李舱、发动机舱下部（包括发动机集油盘结构件）、燃油箱、滑油散热器以及与尾梁结合的锥形体。某些直升机没有配置行李舱，或滑油散热器直接安装在发动机结构上。机身后部还用于装载行李和其他设备，也是机身非常重要的构型组成部分。

7.5.1　检查部位/部件

行李舱、发动机舱内部结构、燃油箱构件、滑油散热器安装结构以及与尾梁结合的锥形体。

7.5.2　维护检查内容与要求

行李舱由隔框、壁板、地板以及舱门组成，位于发动机舱结构下部。隔框和壁板为铝合金材质，地板为铝合金蜂窝结构。隔框与壁板的检查，主要是隔框与壁板是否出现裂纹、变形、腐蚀，铆接是否出现松动和缺失。这类铝合金部件，一旦出现腐蚀且处置不及时，一般都会发展至晶界腐蚀。

地板的检查，主要是地板是否出现裂纹、变形、鼓泡、凹坑以及在地板边缘一带是否出现微生物堆积。地板裂纹或机械性冲击凹痕是十分明显的机械性损伤，主要原因为装卸货物时或行李时撞击所致，或者在飞行过程中货物或行李未系留固定，遭受颠簸气流所致，或者是直升机遭受重着陆撞击所致。损伤处的铝合金金属特征明显，未出现灰白色物质。如确认是遭受重着陆冲击所致，则进入重着陆后检查程序。如果变形、凹坑区域出现灰白色物质，这是发生晶界腐蚀的前期征兆。如果伴有灰褐色物质的层间剥离，这已经是遭受了晶界腐蚀。对于地板任何区域的鼓泡或凹陷，都应该仔细检查，一般为铝合金点状腐蚀或内层的蜂窝结构遭受腐蚀并对面板侵蚀的结果。这类腐蚀，越早处理，损失越低。对于地板出现的鼓泡和/或凹陷，需使用木质榔头或其他等同工具，轻轻敲击底板，检查是否有明显的振荡和杂音。如果没有振荡/杂音，则对鼓泡和/或凹陷区域进行恢复修理并进行防腐控制。如果有振荡和/或杂音，说明内部的蜂窝结构已经发生腐蚀并出现脱落分离，则尽快依照蜂窝结构的修理程序进行处置。

在对行李舱门进行检查时，除了一般性舱门铰链、锁机构检查外，还应该注意观察舱门整体形状是否出现弯曲、变形、皱褶。前面的驾驶舱舱门检查已经进行了描述，这里不再赘述。

发动机舱结构前端始于发动机舱前防火墙，止于发动机舱后防火墙。发动机舱的外部结构已在前面机身顶部的发动机支架及其结构件中已进行说明。此处主要对发动机舱内部结构件进行说明。以 Bell206BIII 型直升机为例，整个机身的前部、中部均属于半硬壳式结构，由结构梁、隔框、桁条、蒙皮等构成。结构件承受主要的载荷外，其蒙皮也将承受一定的载荷。打开行李舱顶部盖板，朝直升机前方、后方观察，可看到发动机舱内部的前端横梁及隔框、后端横梁及隔框以及纵梁。检查前后横梁以及纵梁，应无弯曲、裂纹以及腐蚀损伤，这类结构件如果出现裂纹、变形，是不可修理的，只能更换横梁组件。如果出现腐蚀，需及时（尽可能在最短时间内）处置，如果超越腐蚀损伤修理标准，则应更换。检查前后横梁下部的支撑结构件，应无裂纹、弯曲、变形以及腐蚀损伤。如果出现这类损伤，可进行一定限度的恢复性修理。前后端横梁以及纵梁包括前后横梁下部的支撑结构件的裂纹、弯曲、变形损伤，一般与直升机的重着陆冲击有关联，尤其是涉及前后横梁和纵梁的损伤，需要进入直升机重着陆后检查程序。

由于机身的半硬壳结构设计，因此，如果前后横梁和纵梁发生裂纹、变形性损伤时，包括前面所提及的机头、机身中部、机身顶部等，在其结构件发生裂纹、变形性损伤时，其机身蒙皮一定会出现扭曲和/或皱褶变形损伤。反过来，在检查到这类部位的蒙皮出现扭曲和/或皱褶变形损伤时，必须要及时对其结构件进行检查，以确认是否发生了裂纹、变形性损伤。

图 7.12 显示发动机舱前横梁下部支撑件的连接角片出现了裂纹。对其他前后横梁、纵梁以及结构件进行检查后，均未发现裂纹和变形损伤；外部蒙皮也未出现扭曲、皱褶。因此，我们判断此处的裂纹系金属疲劳裂纹，属于典型的老龄直升机的疲劳损伤特征。处置措施是更换此加强角片。预防性措施为加强这些区域的结构件检查，在工作单中着重强调这类检查内容。

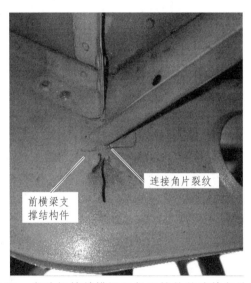

图 7.12　发动机舱前横梁下部支撑件的连接角片裂纹

燃油箱位于客舱座椅的后部，有些型号直升机的燃油箱被布局在机身上方后部。燃油箱的构型有结构油箱、结构加胶囊式油箱以及单独的金属罐体油箱等。结构油箱系于机身结构上，其结构件就是油箱本体。这类结构油箱从外部主要检查油箱结构本体是否出现裂纹、变形损伤或者是否出现渗漏痕迹，从内部主要是检查微生物腐蚀情况。单独的金属罐体油箱检查与结构油箱基本类似，还需要检查油箱的安装结构件以及紧固件是否出现裂纹、变形以及腐蚀。大多数直升机一般采用结构加胶囊式燃油箱，对于这种燃油箱，除了上述检查用于放置胶囊油箱的结构外，还需要注意检查胶囊是否出现膨胀、变形以及胶囊内部的微生物腐蚀情况，一般使用安全光源对胶囊内部进行目视检查。另外，在完成规定的油箱燃油量校验检查后，如果所测得的燃油量出现较大差异，则需要对其胶囊进行全面的检查，基本方法是从胶囊油箱的安装结构中拆卸胶囊，检查胶囊的龟裂、变形以及皱褶情况。无论何种类型的燃油箱，内部的微生物腐蚀大多是由于燃油被污染或者燃油系统被污染后导致的，最直观的说法就是燃油箱和燃油系统进水，这与我们平时的维护有着直接的关联。

滑油散热器安装结构，一是检查外部安装结构，如散热器支架的安装螺桩裂纹、弯曲、松动，安装区域外部结构裂纹、变形、腐蚀；二是检查安装结构的内部，支撑构件是否出现裂纹、变形以及腐蚀损伤，内部构件一般为铝合金材质，又处于长时间封闭状态，其腐蚀损伤一般表现为微生物腐蚀，如果继续发展下去，将导致严重的晶界腐蚀。

对于这类内部结构的结构件，一般包括有地板（甲板）、横梁、纵梁、桁条、隔框以及肋条等。图 7.13 所示的构型为典型的半硬壳式结构。

对于老龄直升机的检查，不仅需要完成手册规定的检查内容，还应该侧重于直升机结构件层面的检查。根据相关直升机维护实践积累的经验教训，可将这类结构件层面的检查延伸为两种情形，一种情形是维护手册已经规定要求的检查区域和内容，另一种情形是维护手册没有明确规定、要求的检查区域和内容。维护手册规定、要求的检查区域和内容，需要严格执行。

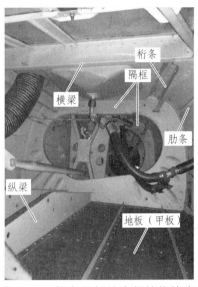

图 7.13　机身后部的内部结构检查

但对于老龄直升机来说，应当定期或不定期地对维护手册没有明确规定、要求的检查区域进行有针对性的拓展或深度检查。座舱中央仪表面板台下部区域以及机身后部的内部结构检查，就属于这类拓展或深度检查。图 7.13 所示是比较典型的机身内部结构，其纵梁和横梁是机身这一区域的主要承力构件，隔框用于保持构型和增加强度，桁条和肋条用于支撑蒙皮并增加一定的强度。这些构件一是检查有无裂纹、变形损伤，二是检查是否出现腐蚀损失，在这些区域和部件上，一般会出现点状腐蚀、斑状腐蚀和丝状腐蚀，严重时出现晶界腐蚀。地板为蜂窝结构与铝合金板材合成构件，主要检查表面有无凹坑、塌陷和鼓泡，这是蜂窝结构腐蚀的外部特征，同时，在地板边角区域，应注意检查微生物耐腐蚀。

机身后部与尾梁结合锥形体，是与尾梁连接的部位。这个区域不仅要承受尾梁重量，同时还将承受尾桨通过尾梁传递过来的反扭矩力矩。在长期使用和/或遭遇重着陆时，所承受的载荷处于叠加状态。检查外表面构型应良好，无凹坑、鼓泡、皱褶以及裂纹，该锥形体构型与尾梁前端构型应准直对接，不得出现偏移和/或错位。正是出于对这些情况的综合考虑，我们拓展了机身后部与尾梁结合锥形体的内部检查，主要检查铆钉是否出现松动、隔框和加强肋条有无裂纹、变形；整个锥形体隔舱内部处于长期封闭状态，是否出现腐蚀等。锥形体内部如图 7.14 所示。

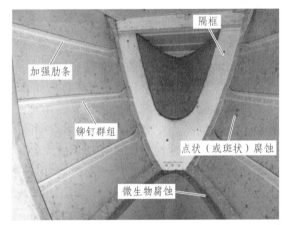

图 7.14　机身后部与尾梁结合部位锥形体内部检查

图 7.14 显示了机身后部与尾梁结合部位锥形体内部情形。铆钉及其群组、隔框和加强肋条等，没有出现裂纹、变形等机械性损伤，但是却出现了大量点状（斑状）腐蚀以及大量的微生物腐蚀痕迹，并且腐蚀区域几乎遍及整个锥形体内表面。如果不及时处置，发展成严重的晶界腐蚀只是时间问题。该锥形体的内部检查，在维护手册中并没有规定和要求，我们拓展检查后发现了内表面大量的腐蚀。对于腐蚀的检查原则是及时检查、及时发现；对于腐蚀的处置原则是有腐必除、除腐必净。腐蚀处置完成后，可涂抹一层防腐剂（如 WD-40 或等同物）。如果出现漆层剥落，应依照翻修手册要求，处置后刷涂一层铬酸锌底漆，再刷涂面漆。

　　尾梁结合部位锥形体的后端与尾梁前端相连接，连接方式为各自接头结构件对接。该接头结构件不仅将所有交变载荷传递至锥形体，同时也承受同样量级的交变载荷。因此，在检查机身后部的锥形体时，还需要重点检查接头结构件。检查接头结构件是否出现裂纹、疲劳变形，接头结构件的铆接情况是否处于正常状态，接头结构件是否出现松动等。图 7.15 显示了接头结构件总成（包括检查口盖加强片）已出现裂纹。

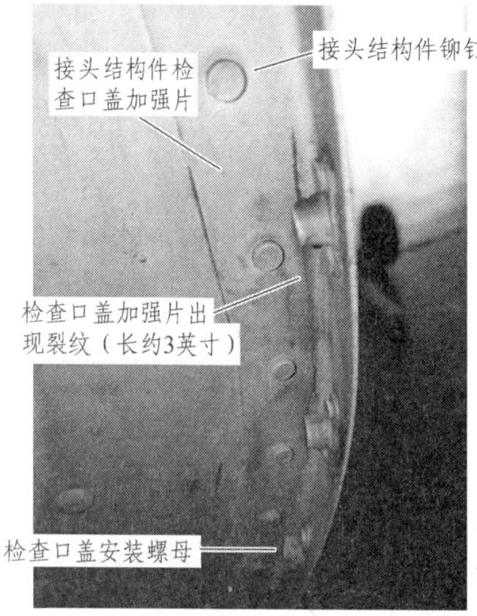

　　图 7.15 显示在接头结构件总成的检查口盖加强片出现裂纹，长度约为 3 英寸。这种裂纹损伤的起因不明，但结合尾梁前端的构型出现的纵向条形皱褶（参见尾梁部分）损伤综合分析，这种机械性裂纹损伤很可能源于直升机的重着陆所致，或者老龄直升机金属件疲劳所致。这类裂纹损伤在未进一步影响接头结构件之前，可对检查口盖加强片进行整体更换。

图 7.15　接头结构件总成以及检查口盖加强片裂纹

　　某些机型的尾梁是采用框架式连接方式，如施瓦泽 269C/C-1 等（见图 7.16），这类型的连接构件没有完整的隔框、桁条、加强肋条以及蒙皮。可直接检查框架（一般为特种钢管管材）是否出现裂纹、疲劳变形、扭曲弯曲、凹坑、腐蚀等，尤其要注意框架（或管材）接头、接耳，绝不允许出现松动、断裂以及严重腐蚀等。同时，连接螺栓以及固定螺帽，不得出现松动、脱落以及因螺栓杆体磨损而出现的安装间隙。另外，这类框架式连接方式，一般还配置安装有加强撑杆（也称斜撑杆），不得出现裂纹、变形、凹坑等机械性损伤。对于这类框架一般标注有明显的"踩踏区域"或"推拉区域"，在维护过程中需要特别注意，比如，加强撑杆就严禁踩踏和推拉。由于这些框架或拉杆长期处于暴露状态，应保持其漆层的完好，以防发生腐蚀。

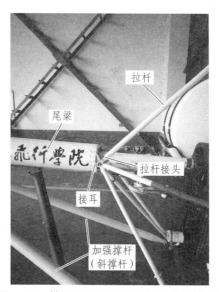

图 7.16　施瓦泽 269C/C-1 尾梁连接构架

7.6 尾梁区域

尾梁与机身后部锥形体的后端相连，属于特殊机身部分。有资料将尾梁划分为直升机的后部，但为了便于方便维护检查以及明晰检查区域，我们在这里将尾梁单独作为一个检查区域。一般来讲，尾梁属于全硬壳式结构，由隔框和蒙皮构成圆柱体或圆锥体，主要用于承载尾桨、尾减速器、平尾、垂尾以及尾传动系统，与尾桨一道形成反扭转力矩，以平衡主旋翼的扭转力矩。

7.6.1 检查部位/部件

尾梁外部、尾梁内部、尾传动轴整流罩、水平安定面、垂直安定面、尾桨齿轮箱安装座。

7.6.2 维护检查内容与要求

尾梁外部的检查，主要是检查外表面的构型以及铆钉。由于尾梁的全硬壳式结构，交变载荷基本上由其硬式外壳来承载。因此，硬式外壳的表面构型检查，能够直接反映尾梁的状态。外表面应保持设计线型，无裂纹、扭曲、变形、凹坑、塌陷、凸起，漆层无脱落等。尾梁裂纹、扭曲变形等，不可接受，必须更换并查明原因。对于外表面的凹坑，一般为外力撞击损伤，在修理限制范围内进行修理恢复即可。对于外表面出现的凸起、塌陷，则需要引起足够的重视，这一情形一般为尾梁壳体遭受腐蚀损伤所致。对于外表面的漆层脱落，有两种因素，一是遭受外力撞击损伤漆层；二是遭受腐蚀，腐蚀物在漆层下面发生膨胀，顶起漆层形成鼓泡，在鼓泡破裂后显露出锈蚀物。在漆层下部的腐蚀一般为点状腐蚀或丝状腐蚀。如果属于腐蚀性漆层脱落，则需要先除腐，在腐蚀损伤限制范围内进行漆层恢复。尾梁的隔框是采用铆接的方式与蒙皮进行连接的，对铆钉的检查主要是检查铆钉有无松动、断裂和缺失。铆钉的松动可通过施加外力判断，也可通过观察铆钉头和/或墩头周围是否有黑圈判断。如果出现黑圈，是因为杂质或灰尘在铆钉头部或墩头周围的间隙里留存，这种情形则说明铆钉已出现了松动。铆钉的断裂和/或缺失，应当引起足够的重视，这种情形一般表明尾梁已遭受到较大的交变载荷，需要查明原因。在对尾梁外表面进行检查时，通常的表现形式是尾梁发生变形，如图 7.17 所示。

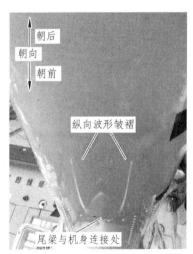

图 7.17　尾梁根部的纵向波形皱褶

图 7.17 所示为发生在尾梁根部区域的纵向波形皱褶。导致这种类型的纵向波形皱褶的原因基本上有 4 种情形，一是直升机长时间飞行使用，包括起落，产生疲劳而导致变形；二是在飞行过程中遭遇强颠簸气流，集中载荷过大，导致变形；三是在着陆时遭遇重着陆，集中载荷过大，导致变形；四是直升机陆路运输遭遇剧烈颠簸。无论出于何种原因，这种变形是不可接受的。如果继续发展下去，尾梁纵轴与机身纵轴将发生偏离，直接导致尾传动轴准直发生偏移，传动轴载荷增加；同时，尾桨齿轮箱与尾传动轴的准直性发生错位，尾桨旋转平面发生倾斜，尾桨振动加剧。

尾梁内部的检查，主要是检查内表面的构型、隔框、铆钉墩头以及尾桨变距操纵拉杆的限位索环等。构型与隔框无裂纹、扭曲、变形以及腐蚀，此处的腐蚀一般为点状（或斑状）腐蚀以及微生物腐蚀。铆钉墩头无缺失、松动迹象，尾桨变距操纵拉杆在限位索环内往复运动无阻尼和卡阻，限位索环支架安装固定良好。

尾传动轴整流罩属于尾梁的一个组成部分，用于防护尾传动轴。整流罩无裂纹、扭曲、变形，安装固定锁扣无缺失等。整流罩的变形可通过矫正进行恢复，所需注意的是其变形程度不可与尾传动轴发生干涉摩擦。

水平安定面约位于整根尾梁的中部偏后一点，在尾梁两侧均匀分布。产生负升力，用于平衡直升机的低头力矩。在水平安定面的前缘处有结构型阻流片，以防止在着陆过程中主旋翼下洗气流作用在安定面的气流损失过大，使负升力不致过大，以增补和保持机身的抬头力矩。一般来说，大多数直升机的水平安定面是固定构型式，不可操纵。水平安定面的检查主要有安定面构型不得出现扭曲变形，翼型保持完好，连接固定可靠，连接固定构件无裂纹、变形，前缘阻流片无缺失和损伤。水平安定面如图 7.18 所示。

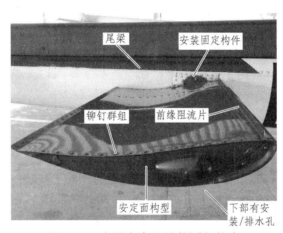

图 7.18　水平安定面的构型与检查

在安定面的下部，有一些小孔，主要用来拧紧安定面内部的安装固定卡箍，同时，也作为安定面的排水孔。对于老龄直升机来讲，在检查时应特别注意检查安定面上下表面的金属蒙皮，有无裂纹、凹坑和鼓泡，如果出现这类情形，一般都为疲劳损伤或腐蚀损伤所致。铆钉应无松动和缺失，漆层应保持良好。另外，对安定面下部的安装/排水孔，应注意孔径通畅，因为老龄直升机因排水孔堵塞而引发的腐蚀损伤事件发生概率比较大，前面所讲到的发动机安装结构件下部的腐蚀损伤，正是因为排水孔堵塞而导致的。

垂直安定面位于尾梁末端，用螺栓与尾梁连接，主要用于保证直升机方向安定性，翼面不可操纵，一般为固定式后掠翼。垂直安定面一般由蜂窝结构件与铝合金蒙皮合成，也有的是由内部框架与铝合金蒙皮构成。垂直安定面的翼弦线通常都与机身纵轴有一个夹角，以此产生一个侧向力矩，用以平衡主旋翼的反作用力矩，在巡航状态时保持脚蹬齐平，减轻飞行员的工作强度。垂直安定面的检查主要有安定面构型不得出现扭曲变形、翼型保持完好、连接螺栓可靠、力矩符合要求。在日常航线和定期检查时，需要用手掌轻轻敲击安定面，如果出现振荡或异响，一般为发生了蜂窝结构的腐蚀损伤。再者，安定面所出现的凹坑、凸起或塌陷，这些都是内部蜂窝结构遭受腐蚀的表现形态。因此，在检查时应特别注意检查安定面下部的排水孔，必须保持通畅。另外，该排水孔也是垂直安定面是否在降落时触及地表的一个标记，如果触及地表，该孔径被限动块移位堵塞，如图 7.19 所示。

图 7.19　垂直安定面构型及检查

尾桨齿轮箱安装座位于尾梁后部末端，通过整体构件形式与尾梁末端上的安装平台进行铆接连接，属于尾梁构型的一部分。尾桨齿轮箱则通过安装固定螺栓和螺帽被安装于尾桨齿轮箱的安装座构件上。其安装座构件均为铝合金材质。对于尾桨齿轮箱安装座的检查，由于被尾减速器整流罩所包裹，从尾梁末端的外部无法进行检查。有的机型，由于尾减速器暴露在外部，可以非常直观地进行检查和维护；对于被整流罩包裹的，检查时需要拆卸整流罩。图 7.20 所示为尾桨齿轮箱安装座构件内部。

图 7.20　尾桨齿轮箱安装座构件内部

尾桨产生的侧向推力、拉力或振动传递至尾桨齿轮箱，尾桨齿轮箱再通过连接螺栓传递至安装座构件。因此，无论任何形式的尾桨齿轮箱安装座构件都会遭受极大的交变载荷，由此，在维护时需要特别注意检查安装座构件以及加强件是否出现裂纹、变形，铆钉群组是否在位且无松动和/或缺失。同时，还需要注意的是构件内部的腐蚀。此处的腐蚀一般为点状或斑状腐蚀以及微生物腐蚀，极少有丝状腐蚀，如果持续发展，大多为比较严重的铝合金晶界腐蚀。

7.7　机身下部

机身下部整体为蜂窝结构与铝合金的构型，上表面为座舱和/或客舱/或行李舱铝合金地板（甲板），下表面为铝合金蒙皮，主要用于安装起落架（收放式或固定式）或滑橇式以及外挂设备的挂架。起落架安装座系于机身结构，另外还有顶升直升机的加强构件也系于机身结构。

7.7.1　检查部位/部件

起落架安装座构件（一般有 4 个）、顶升装置区域、外挂点、底部所有蜂窝结构、漆层、螺钉群组及排水孔（管）。

7.7.2　维护检查内容与要求

在日常维护以及定期维护工作中，最容易被忽略的检查区域往往就是机身下部区域。在航线维护中，在直升机移动或起飞后，应注意检查原停放区位是否有渗漏痕迹，包括燃油、滑油、液压油以及其他外来物（包括五金件等）的遗留。在定期维护中，需要对系于机身结构上的起落架安装座进行检查，查看是否有裂纹、变形以及腐蚀，起落架安装座的腐蚀也是极易被忽略的一个检查内容。对顶升直升机的顶升加强构件的检查，不能仅限于此，由于在顶升过程中，难免会出现顶升结构件附近区域的损伤，还应该对其构件附近区域进行扩展性检查。机身下部的货物外挂挂架，系于机身结构，如果直升机用于单纯的培训飞行，这类挂架（或挂点）基本不使用。但随着近年来通用航空的发展，直升机的用途也得到拓展，如外挂设备航拍、外挂设备的管线巡查、农林喷洒等，需要对直升机的外挂架进行重点检查，包括外挂架的物理损伤、外挂架附近区域的机身结构损伤以及农林喷洒后的农药残留的腐蚀性损伤。图 7.21 所示为配置滑橇式起落架的直升机机身下部构型。

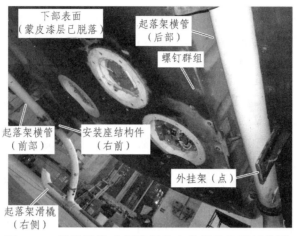

图 7.21　配置滑橇式起落架的直升机机身下部构型

除上述检查外，这里要强调的是对机身下部的蜂窝结构的检查以及机身下部排水孔（管）的检查，包括检查机身下部结构表面，是否出现裂纹损伤，漆层是否保持完整和完好。对于出现的裂纹要查明原因。漆层脱落后，需要查看裸露区域是否出现腐蚀，如果这个区域一旦出现腐蚀，那就是机身下部的蜂窝结构的腐蚀。排水孔（管）必须保持通畅，此处区域，排水孔（管）的堵塞，往往意味着存在蜂窝结构腐蚀的风险。每次检查时，都必须用手掌全区域地轻轻敲击机身下部结构，如果出现振荡和/或异响，一般都认定为发生了蜂窝结构的腐蚀损伤。如果未出现振荡或异响，或漆层脱落后，裸露区域未出现腐蚀，但机身下部表面出现了扭曲、变形，则一般认定为机身结构已遭受到过载撞击，或是积累性损伤，或是重着陆损伤。在对底部进行检查的同时，目视检查螺钉群组应保持在位。

另外，随着直升机通用航空作业的需求，直升机陆路运输已成为除直升机调机转场以外的一种投放方式。陆路运输过程中，所遭遇的剧烈颠簸是造成直升机结构损伤的最直接原因，除了前面讲到的对尾梁造成的损伤外，这里最主要的是检查起落架以及安装座构件，安装座构件的任何裂纹、变形损伤都是不可接受的。

7.8　载重与平衡后的评估性结构检查

载重与平衡检查，也称航空器称重检查（以下简称为称重检查），主要是通过对航空器空机进行称重，并通过计算称重数据得出航空器空机重心位置，将这个重心位置放入航空器的空机重心包线（图）中，以确认其重心位置是否在重心包线范围内。对于整机有翻修时限的航空器，如 R44II 型直升机，在 2 200 h、4 400 h 机体翻修时，都必须进行称重检查。对于没有明确要求整机翻修的航空器，如 Bell206BIII 或施瓦泽 269C/C-1 机型，在维护手册中明确规定有称重检查周期。

7.8.1　检查部位/部件

直升机整机称重。

7.8.2　维护检查内容与要求

对称重数据进行分析评估。

直升机的称重检查到直升机的结构检查，从这一视角看，似乎有些牵强。但是，从另一视角观察和分析，对直升机称重后的数据进行分析和评估，以此来判断是否需要对直升机结构进行检查，就非常明晰和有必要了。

从流程图 7.22 所示的直升机称重数据分析评估中，我们可以总结出：

直升机的称重数据，是执行直升机结构检查的充分条件。对直升机称重数据的评估，是执行直升机结构检查的必要条件。

从中国民用航空飞行学院使用的 Bell206BIII 型直升机称重情况看，是严格依照维护手册要求，定期对直升机进行称重的，且称重数据保留存档。经过对称重数据的分析，的确有重心位置发生变化的情况出现。尤其是近些年的称重数据，处于逐年向极限位置靠近的趋势。这是对老龄直升机加强结构构型检查的一种提醒信号，因此，在对直升机称重后，必须要对称重数据进行分析评估，尤其是需要将近些年的称重数据进行对比分析和判断，以明确直升机整个结构的基本状况，并将其作为是否进行直升机结构检查的基本依据之一（见图 7.22）。

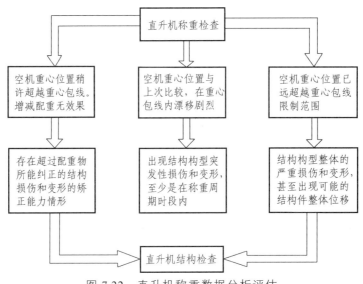

图 7.22　直升机称重数据分析评估

直升机称重数据正常，满足维护手册规定要求，这并不意味着不需要对直升机进行结构检查。因为老龄直升机结构损伤或变形的突发性概率较大，在平时的维护中仍然需要加强结构检查，防微杜渐，早发现，早处置，以保障直升机的飞行安全。

作为一架完整的、处于适航状态的直升机，其结构是构成整个直升机总体构型的基本要素，在此构型的基础上完成动力装置、动力传动装置、起落架、燃（滑）油箱、操纵系统、机载设备的安装，并进行驾驶舱、客舱以及行李舱的分配布局。因此，直升机的结构检查是一项非常重要的检查项目，不仅仅是限于本身结构的可靠性检查，而且还是对所有部件、设备的安装构件的可靠性检查。

对于任何型号的直升机，在其维护手册中都有非常严谨、细致、准确的结构检查内容和要求，在维护工作中我们应该严格遵循。但是对于老龄直升机来说，机身结构的疲劳、紧固件的松动/脱落以及结构腐蚀等诸多问题逐渐显现，尤其是具有代表性的、连续显露的问题和故障，所有这些，都需要我们在维护手册的基础上不断完善和拓展，或者有针对性地进行较为深度的检查。这类拓展或深度检查，其最终目的就是满足持续适航要求，保证老龄直升机的飞行安全。

第 8 章　老龄直升机飞行操纵系统维修

8.1　概　述

直升机的操纵是通过改变旋翼拉力大小及方向，和改变尾桨侧推力大小，从而进行纵向、横向、垂直 3 个方向的运动。典型的 BELL206BⅢ型直升机操纵机构一方面自驾驶员座椅下方，向后延伸至机身中部，而后又通过操纵机构的竖筒，向上延伸至客舱顶部，通过自动倾斜器至主旋翼系统；另一方面，通过尾梁上的传动轴至尾桨。操纵系统包括：驾驶杆操纵、总桨距杆操纵、方向（尾桨）操纵、液压系统及保证这些操纵的摇臂、轭头、扭力管、拉杆以及伺服作动筒等，如图 8.1 所示。

图 8.1　某型直升机飞行操纵系统拉杆

直升机操纵系统结构复杂，操纵距离长，且随着操纵结构使用年限的增加，操纵拉杆与机身隔框及其他部件可能出现相互摩擦等现象，操纵杆端部的接头均会出现不同程度的磨损，轴承间隙增大，甚至可能会诱发尾桨脚蹬卡阻等严重事件。因此，加强飞行操纵系统检查与维护，对保障直升机飞行安全具有重要的意义。

8.1.1　操纵系统的类型及特点

直升机操纵系统按类型可分为机械硬式操纵、机械软式操纵以及电传操纵。

1. 硬式操纵

硬式操纵系统通常由拉杆、轴承、摇臂等部件组成，如图 8.2 所示。

图 8.2　某型直升机硬式操纵系统

　　硬式操纵系统具有一系列的优点，如较小的弹性间隙、摩擦阻力，拉杆端头轴承更换方便，操纵使用可靠等。

2. 软式操纵

　　直升机软式操纵系统通常由钢索、滑轮、钢索保护器、松紧螺套、摇臂、钢索张力补偿器等部件组成。

　　直升机软式操纵系统是通过钢索张力来传递操纵力的，钢索张力的变化直接影响着直升机的操纵性能。钢索张力补偿器就是使钢索在各种状态下保持张力恒定的一种调节装置。

3. 电传操纵

　　随着直升机飞行品质要求的不断提高，直升机的操纵系统经历了从简单的机械式、液压助力式到电传操纵等发展历程。

　　电传操纵系统不需要拉杆、摇臂等机械连接，而是由驾驶杆经多余度电路向计算机输入操纵指令，计算机控制电的或液压的作动器驱动自动倾斜器使旋翼变距。

　　电传操纵系统具有以下优点：

　　（1）电传操纵系统具有良好的稳定性和操纵响应，直升机的飞行品质较高。

　　（2）尺寸小、质量轻、便于安装。

　　（3）余度的电路使得系统具有较高的可靠性、安全性。

8.1.2　操纵系统的功能及构造

　　直升机飞行操纵系统分别由驾驶杆、总桨距杆、自动倾斜器以及尾桨脚蹬组成，通过各部件的相互配合，实现直升机的飞行操控。

1. 驾驶杆操纵

　　驾驶杆操纵直升机的纵向、横向运动姿态。为了便于操纵和使用，通常驾驶杆的结构被制作成弓形（特殊杆型：罗宾逊直升机的驾驶杆为 T 形），在驾驶杆手柄上端，装有无线电发射按钮和机内通话按钮，如图 8.3 所示。

图 8.3　某型直升机驾驶杆及总距杆

驾驶杆的操纵为复式操纵。左右驾驶杆均可独立操纵直升机。它由两根驾驶杆以及扭力管、轭头、混合双头摇臂、操纵拉杆、伺服作动筒等组成。

左右驾驶杆结构相同。驾驶杆通过摇臂装置固定在驾驶舱地板框轴支座内，驾驶杆通过摇臂下端的球形接头可在框轴内做 360°的转动。

两个驾驶杆由扭力管和轭头连接在一起，当一个驾驶杆做横向运动时，另一个驾驶杆也做出同样的动作，这时轭头带动混合双头摇臂及操纵拉杆，传至自动倾斜器上的内环做横向倾斜运动。当一个驾驶杆做纵向（前后）运动时，另一个驾驶杆也做出同样的动作，这时轭头带动混合双头摇臂及操纵拉杆，传至自动倾斜器上的内环做纵向倾斜运动。由于自动倾斜器的倾斜运动，从而改变了旋翼拉力的方向。其拉力方向与驾驶杆运动方向一致。

驾驶杆摇臂装置下端框轴支承座上，装有摩擦力调节手柄，通过调节手柄，可以调整驾驶杆上的摩擦力，以增加飞行员的感觉力。顺时针转动手柄，驾驶杆的操纵摩擦力增加，反之驾驶杆的操纵摩擦力减小。

在驾驶杆摇臂下端（即机身下表面），装有驾驶杆校装专用孔，可以使用规定的螺栓将驾驶杆调到中立。在扭力管左端有一个平衡弹簧，用以调整驾驶杆的稳定性。

2. 总桨距杆操纵

总桨距杆是用来同时改变旋翼桨叶迎角、控制旋翼桨叶总距变化从而达到改变旋翼升力的大小的作用的座舱操纵杆。总距操纵杆一般布置在驾驶员座位的左侧，绕支座轴线上、下转动。驾驶员左手上提杆时，使自动倾斜器上升而增大旋翼桨叶总距（即各片桨叶桨距同时增大相同的角度），使旋翼拉力增大，反之拉力减小，由此来控制直升机的升降运动。这是直升机特有的一种操纵机构。

总桨距杆的操纵为复式操纵。总桨距杆安装在驾驶员正、副座椅的右侧，正、副驾驶员均可以独立操纵直升机的起降。总桨距杆的操纵包括：两根总桨距杆、组合摇臂、操纵拉杆、摇臂以及伺服作动筒。另外，在总桨距杆上装有油门环、慢车限动按钮、起动按钮、动力涡轮转速调节开关、着陆灯电门等。

总桨距杆做上、下运动时，扭力管带动组合摇臂、拉杆、伺服作动筒，使总桨距摇臂上下运动，从而操纵自动倾斜器做上下运动，以达到直升机旋翼桨叶同时改变桨叶迎角的目的。当总桨距杆向上运动时，桨叶迎角增大，升力增加，直升机升起；当总桨距杆向下运动时，桨叶迎角减小，升力减少，直升机下降，所以，总桨距杆是操纵直升机升降的。

通常在总距操纵杆的手柄上设置旋转式油门操纵机构，用来调节发动机油门的大小，当总桨距杆向上运动增大桨叶迎角时，相应的发动机供油量是增加的，此时发动机的功率增加，以便使发动机输出功率与旋翼桨叶总距变化后的旋翼需用功率相适应，以保持旋翼转速的恒定。因此，又称其为总距油门杆。

在总桨距杆的根部，装有摩擦力调节手柄，通过调节手柄，可以调整总桨距杆上的摩擦力，以增加飞行员的感觉力。顺时针转动手柄，总桨距杆的摩擦力增加，反之，总桨距杆的摩擦力减小。

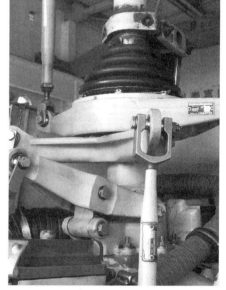

图 8.4　某型直升机自动倾斜器组件

3．自动倾斜器

直升机的自动倾斜器又称斜盘，斜盘能保证旋翼桨叶同时变距和周期变距，把直升机总距杆和周期变距杆的操纵位移，分别转换成旋翼桨叶的总距操纵和周期变距操纵的主要操纵机构，以达到改变旋翼升力和拉力的大小以及直升机飞行方向的目的，从而操纵直升机做垂直和纵、横方向的运动。它是直升机操纵系统特有的复杂而重要的构件。

自动倾斜器装在直升机主减速器的正上方，通常由以下几个部件组成：倾斜器支座、球形套筒、倾斜器内环、倾斜器外环、总桨距臂以及扭力臂等，如图 8.4 所示。

1）倾斜器支座

倾斜器支座是一个铝制锻件，通常由螺栓固定在主减速器的上盖上。直升机旋翼桨毂主轴从倾斜器支座中间穿过，支座底部有连接总桨距操纵摇臂的接耳，其外表面是阳极化处理的，耐磨损特性较强。

2）球形套筒

球形套筒是一个锻造件，安装在倾斜器支座上，并且可以在支座上沿旋翼桨毂主轴上、下滑动，使得套在球形套筒上的倾斜器内、外环一起上下移动，以达到同时改变总桨距的目的。

球形套筒上端是呈圆球形的万向关节，此关节的表面经硬化处理，其上有特氟隆轴承。此外，在套筒下端有两条凹槽，以容纳两个特氟隆轴承，使套筒在支座上沿桨轴上、下滑动。

3）倾斜器内环（定环）

倾斜器内环里包容着与球形关节相接触的下端特氟隆轴承。与内环相固定的是一个内环盖，盖内固定一些填隙垫，用以调节球形关节的紧度。内环的运动是一种倾斜动作，无转动，因此，又称为定环。

4）倾斜器外环（动环）

倾斜器外环通过双排推力轴承套在内环上，外环随内环倾斜并与旋翼桨毂轴一起旋转，此转动是由连接到桨毂轴上的传动扭力臂带动的，同时，外环上有两个接耳以方便与变距连接。

5）总桨距臂

总桨距臂通过连接臂与支座总成相连接，该臂一端与球形套筒连接，另一端与总桨距连杆连接。

6）传动扭力臂（中介摇臂）

传动扭力臂连接在旋翼桨毂轴的花键上和倾斜器的外环上，使得外环能够转动而不致在操纵杆上造成不恰当的应力。

4. 尾桨操纵

尾桨用来改变直升机的方向和控制旋翼的扭转力矩，它通过脚蹬改变尾桨桨叶的迎角，从而改变尾桨的侧推力，实现直升机的航向操纵。

尾桨操纵系统包括：左、右脚蹬，摇臂，操纵拉杆及操作变距机构等，如图 8.5、图 8.6 所示。

图 8.5　某型直升机左、右脚蹬

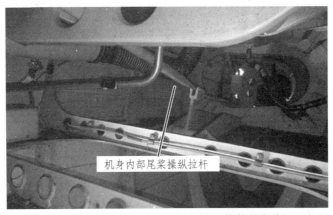

图 8.6　某型直升机机身内部尾桨操纵拉杆

脚蹬装在驾驶舱的地板上，它可以根据飞行员腿部的长短进行调节，顺时针转动脚蹬中间的手柄，脚蹬与座椅之间的距离增大；反之，脚蹬与座椅之间的距离减小。脚蹬的松紧程度由地板下的摩擦夹头调整，前后操纵的范围有螺钉止动。

直升机起飞时，旋翼所需的功率最大，此时，尾桨也需要最高的正桨距来平衡旋翼的反扭矩，这时飞行员需要蹬左舵，通过操纵拉杆、摇臂十字轴头使尾桨变为最高的正桨距。

巡航飞行时，脚蹬基本保持在中间位置，此时，尾桨通过较小的正桨距来修正旋翼的反扭矩。

当需要直升机向右转动时，应使用右脚蹬，此时，尾桨变为负桨距，机头向右转动。反之，若使直升机头部向左方转动时，应使用左脚蹬，此时，尾桨变为正桨距，机头向左转动。

发动机在正常工作情况下，尾桨应能够操纵直升机，如果发动机故障时，尾桨必须能够产生负推力，以平衡旋翼所产生的扭矩。

尾桨同旋翼一样，易发生振动，尾桨振动总是高频率的，并且可以在脚蹬上感到这一振动。由于这些过度的振动，驾驶员经常抱怨他们的脚发麻。如果尾桨桨距改变，使振动更加严重或减轻，基本可以判断是尾桨变距机构或尾桨本身导致的。若该振动不会加重或减轻，则通常是传动轴系统内部引起的。

8.1.3　操纵系统的主要失效模式

操纵系统作为直升机的关键部件之一，因其需要操纵的拉杆较多、操纵距离较长、操纵状况复杂，且直升机操纵系统对操纵间隙要求较高，较大的操纵系统间隙可能导致直升机机体振动超标，所以操纵系统的工作状况将直接影响着飞行安全。

操纵系统的主要失效模式有以下几点：

1.　驾驶杆/总距杆部分

其主要失效模式有驾驶杆/总距杆两端的轴承磨损超标或损伤，扭力管、操纵杆的连接螺栓过度磨损或金属疲劳，变距摇臂、叉形组件等金属件腐蚀、疲劳、变形甚至裂纹等状况，如图 8.7 所示。

图 8.7　某型直升机总距杆表面严重腐蚀

2.　尾桨系统部分

其主要失效模式有尾桨操纵拉杆端部轴承磨损超标或损伤、连杆损伤、脚蹬轴承组磨损以及脚蹬卡阻等状况，如图 8.8 所示。

图 8.8　某型直升机尾桨变距操纵拉杆表面磨损

8.2　老龄直升机操纵系统的维护

针对老龄直升机操纵系统可能出现的轴承磨损，扭力管、操纵拉杆连接螺栓金属疲劳，拉杆表面腐蚀，变距摇臂、叉形组件腐蚀、疲劳等状况，应进一步加强老龄直升机操纵系统的维护，防止出现操纵系统卡滞、失效等状况，切实保障老龄直升机的飞行安全。外场机务维护人员在针对老龄直升机操纵系统的维护时需要注意以下几点：

8.2.1　操纵拉杆及其端部轴承的检查

（1）检查操作拉杆表面有无出现腐蚀、变形等情况，特别注意尾桨操纵拉杆与尾梁内部隔框有无出现相磨、表面有无破损现象发生。

（2）检查操纵系统操纵拉杆端部轴承的磨损有无超标（通常在轴承磨损超标时，轴承座周围会出现黑色的油泥），若在飞行过程中发现机体振动异常，应重点检查拉杆端部轴承的间隙并及时更换磨损超标的轴承。

（3）检查操纵拉杆的安装是否正确，拉杆操作应顺畅、灵活、无卡滞。

（4）检查尾桨脚蹬轴承组操作运动自如、无卡滞，间隙情况正常。当对脚蹬功能检查时发现脚蹬轴承组有问题时，应使用塞尺检查轴承组的轴向和径向间隙，若轴承组间隙超标应及时更换。

8.2.2　倾斜器斜盘和支座的检查

（1）检查倾斜器斜盘和支座装置密封装置处有无过量的润滑脂渗漏状况出现，若渗漏量较大，应更换密封装置。

（2）检查倾斜器斜盘和支座装置上的双联轴承有无过度磨损。检查方法：定环静止不动，转动外环，双联轴承应平稳且无制约现象，若转动阻力不平衡，并且在顺、逆时针两个方向上转动360°时，其减速状况不一致，则必须更换轴承。

（3）检查倾斜器斜盘和支座装置的垂直、倾斜运动：

① 向前倾斜内环，检查框轴套筒侧壁有无不正常的磨损和损伤现象。

② 检查框轴套筒的槽口有无来自轴承装置的不正常磨损，如图 8.9 所示。

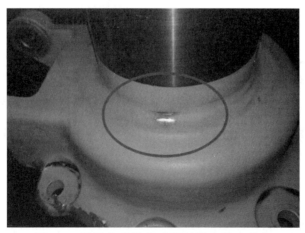

图 8.9　某型直升机自动倾斜器支承座损伤

③ 倾斜器内环，检查框轴套筒裸露出来的阳极化处理（硬化）表面有无损伤。

④ 检查框轴套筒和支座装置之间有无过量的松动。检查方法：握住总桨距臂连接位置上部的枢轴套筒，施加横向的力，如果位移量为 0.02 英寸或更大时，则需要更换枢轴套筒或支座。

（4）检查倾斜器斜盘和支座装置上的螺栓、插销有无松动；

（5）检查倾斜器斜盘上的注油嘴有无损坏，固定是否牢固。

8.3 老龄直升机操纵系统典型故障分析

直升机操纵系统复杂，操纵距离较长，各操纵单元分别通过摇臂、轴承及螺栓相互连接。在飞行过程中，操纵系统各推拉杆需承受较大的推-拉应力，而且还要经受各种交变振动载荷的影响。老龄直升机的操纵系统使用时间较长，推拉杆端部的轴承磨损严重，杆体腐蚀、疲劳，甚至杆头断裂的状况时有发生。

8.3.1 典型故障 1 尾桨变距拉杆断裂

国内某通航直升机在飞行降落过程中，发生尾桨变距拉杆组件断裂事件，该尾桨变距拉杆组件两端为螺纹结构，拉杆通过螺纹、螺帽和两端的杆体相连接。杆头端部为空心球形轴承，一端通过螺栓与尾桨叉形组件相连，另一端与尾桨变距机构相连。尾桨连杆组件断裂位置位于叉形组件一端的螺纹固定接头处，该变距拉杆组件的外观形貌及磨损超标情况如图 8.10、图 8.11 所示。

图 8.10 某型直升机尾桨操纵拉杆断裂形貌

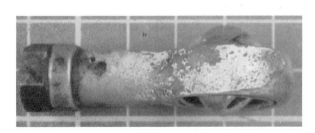

（a）形轴承的俯视图

（b）球形轴承的主视图

图 8.11 磨损超标的拉杆端部球形轴承

事故原因分析为尾桨变距拉杆端部的球形轴承与轴承座发生严重磨损，在磨损过程中，连杆与叉形件之间的相对位置发生一定偏转，在拉杆上形成了一个附加弯矩，弯矩所产生的弯曲应力与拉杆所承受的推-拉应力相互叠加，导致拉杆在螺帽固定位置发生疲劳裂纹，且随着球形轴承磨损的加剧，疲劳裂纹不断地扩展，最终导致连杆发生疲劳断裂。

8.3.2　典型故障 2　尾桨操纵推拉杆擦伤

国内某通航直升机在操纵尾桨过程中，发现尾桨操纵推拉杆与尾梁内部隔框相磨。尾桨推拉杆位于直升机尾梁内部，穿过尾梁内部隔框上的小孔，其操纵路径较长，尾桨推拉杆两端分别通过球形轴承与尾桨变距摇臂相连，受损的尾桨推拉杆如图 8.12 所示。

图 8.12　某型直升机尾桨操纵推拉杆擦伤

原因分析为推拉杆两端的球形轴承与轴承座磨损超标，轴承内径脱离轴承座，使得推拉杆位置下移，并与尾梁内部隔框发生摩擦，进而造成推拉杆杆体擦伤状况发生。

综上所述，老龄直升机操纵系统故障前期多发生轴承磨损超标、损伤现象，在维护过程中应重点检查轴承的间隙应符合手册规定，定期对轴承进行清洁、润滑（自润滑轴承无须润滑，否则可能加剧轴承磨损）。

8.4　老龄直升机尾桨系统应急处置

尾桨是单旋翼直升机的重要部件之一，通常依靠它提供的推力（或拉力）来产生抗偏力矩以平衡主旋翼反扭矩，并通过改变尾桨推力（或拉力）的大小实现对直升机的航向操纵，同时尾桨又能对直升机的航向起到稳定作用。但是，由于尾桨位于飞行员视野之外，且其操纵系统和传动系统较长，极易发生各种故障。近年来，国内发生了多起因尾桨操纵系统故障而引起的直升机事故。尾桨系统失效的主要表现形式为脚蹬卡阻，下面以 BELL206BⅢ型直升机尾桨脚蹬卡阻为例，进行应急处置分析。

8.4.1　尾桨系统受力分析

直升机尾桨系统通常由方向操纵脚蹬、尾桨传动轴、尾桨齿轮箱、尾桨及其变距机构组成，尾桨是控制直升机航向稳定性的关键部件之一，是操纵直升机方向和取得方向平衡的重要部件。BELL206BⅢ型直升机为单旋翼带尾桨，主旋翼桨叶旋转方向为逆时针（俯视），尾桨系统安装于尾梁后部左侧，系统产生推力，形成偏航力矩，以平衡主旋翼反扭矩并实施航向操纵。与此同时，尾桨系统在工作时也会产生俯仰力矩和滚转力矩，尾桨桨叶相对刚硬，周期挥舞运动很小，且无周期变距。因此，在分析尾桨的运动时可以忽略尾桨的后向力和侧向力，在飞行过程中，尾桨对于直升机的主要作用力为侧向力、偏航力矩和滚转力矩。

尾桨系统受力状况如图 8.13 所示。

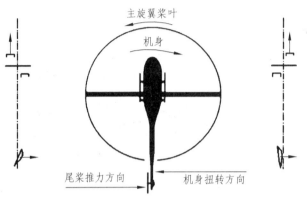

图 8.13　直升机尾桨系统受力示意图

BELL206BⅢ型直升机尾桨操纵方式为：蹬左舵，即左脚蹬向前尾桨推力增大，直升机向左偏转；蹬右舵，右脚蹬向前尾桨推力减小，直升机向右偏转。

单旋翼带尾桨直升机的反扭矩主要来源于尾桨产生的推力，考虑发动机输出的总功率分别用于驱动主旋翼系统和尾桨系统，当尾桨距增大，尾桨系统消耗的功率相应增加，主旋翼系统需用功率减少，系统升力减小，此时直升机将下降高度；反之，当尾桨距减小时，尾桨系统消耗功率减少，主旋翼系统需用功率增加，系统升力增大，直升机将上升高度。

8.4.2　尾桨脚蹬卡阻类型及处置措施

直升机尾桨脚蹬发生卡阻时，脚蹬无法移动，尾桨推力无法进行调整，而此时旋翼处于正常工作状态，旋翼产生的反作用力矩无法平衡，直升机偏转，并伴有高度下降、机头下俯现象。根据卡阻的位置不同，尾桨脚蹬卡阻可分为以下 3 种类型：

1. 脚蹬卡在中立位置

典型特征：此时增大或减小发动机功率都会出现旋翼传递到机身的反扭矩与尾桨的偏航力矩不平衡。增大发动机功率直升机将向右偏转，减小发动机功率直升机将向左偏转。

处置措施：保持空速至 100 kt 做直线或转弯飞行，然后，直升机加入起落航线进入三转弯并下放总距杆至 40% 扭矩，并向后带杆逐渐将空速减速至 80 kt。进入四转弯继续减速至 60 kt，改出四转弯对正跑道（或着陆点），做小下滑角进近消速下滑。当高度下降至 30～50 ft 时，扭矩应保持在 40%，空速应调整到 40～50 kt，此时，仔细观察前方地面，柔和地操纵总距杆至最低位置，同时向后带杆拉平飘（做快停动作），平飘中稍向左压杆保持机头向左转 30°～45°进行侧滑消速。当直升机高度在 10 ft 左右，直升机出现下沉趋势时，即稍向上提总距杆，同时向右前方压杆，将直升机改平，减小直升机仰角，并柔和操纵油门至慢车位置。当直升机高度下降至 3 ft 时，轻轻上提总距杆，同时向右前方压杆，使直升机不带左侧滑，保持滑橇与地面平行，不带前进速度，轻轻接地。接地时直升机可能出现向右旋转,但不应出现侧滑现象。接地后,柔和地将总距杆放至最低位置。(注意:平飘消速中开始上提总距杆以及改平应及时,防止高度低,坡度大,旋翼打地,同时,直升机接地时不应带前进和侧滑速度,以防止直升机侧翻。)

2. 左脚蹬卡在中立位置前

典型特征:直升机做大功率起飞后,左脚蹬卡在中立位置前无法收回,改平飞或下降时直升机将出现向左偏转现象,并伴有低头的耦合响应。

处置措施:基本原则是减小空速(通常为 60 kt)并增大扭矩(通常为 75%~85%),或使用调速器减小旋翼转速,以减小直升机的偏转力矩。通过调整空速和扭矩,并适量向右压杆,保持直升机直线飞行。要改变飞行方向或加入起落航线,应采用左转弯或左盘旋的方法进行。如直升机加入起落航线或进入四转弯的高度太高,可通过下放总距杆,向左盘旋的方法下降高度。在直升机高度约 300 ft,空速约 30 kt,改出四转弯并对正跑道(或着陆点)。此时,可采用适量上提总距杆的方法控制直升机继续左转。方向稳定即柔和地放下总距杆,以保持直升机的下滑方向。五边进近角通常保持在 5°为好,其消速方法与低下滑线进近消速方法相同。为保持五边下滑方向,可采用脉动上、下提放总距杆的方法控制直升机方向的变化。即直升机左偏,可适量上提总距杆进行航向修正;如直升机右偏,柔和地适量下放总距杆进行航向修正。若五边高度较高可采用多放少提总距杆的方法进行修正。将直升机在预定跑道(或着陆点)上空速度减至"0",进入悬停状态。如悬停高度较高,可采用放、提总距杆的方法操纵直升机左转弯下降高度至 2~3 ft 高度迎风悬停。然后,保持直升机前、后位移,左右侧滑和偏转,迅速小量地提放总距杆,操纵直升机缓慢垂直下降并轻轻接地。若直升机接地前方向不稳,应立即上提总距杆将直升机升至 2~3 ft 高度,重新保持直升机方向稳定后再落地。直升机接地后,柔和地收油门至慢车,同时配合上提总距杆,保持旋翼的旋转平面不变。

3. 右脚蹬卡在中立位置前

典型特性:直升机将绕重心向右偏转,机头上升并伴有向右滚转的耦合响应。

处置措施:立即将油门收至慢车并将总距杆放到最低位置,操纵直升机自转下滑,保持下滑空速在 60 kt 左右(做好迫降准备)。当下滑方向稳定后,柔和地操纵油门至全开位置,逐渐上提总距杆(扭矩 75%~85%),向右压杆,保持直升机坡度 20°~30°向右转弯,做盘旋上升。当直升机上升至安全高度后,空速调整至 100 kt,直升机航向即可对正预定方向,然后推杆增速并上提总距杆,保持高度和空速 100 kt 转弯加入起落航线,改出四转弯对正跑道(或着陆点),将总距杆放至最低位置,操纵直升机进入自转下滑,保持下滑空速 60 kt,随着高度逐渐降低,空速逐渐减至 45~50 kt,当高度下降至约 50 ft 时,空速减至 40~45 kt,仔细观察前方地面,柔和地向后带杆拉平飘(作快停动作),直升机在平飘减少过程中柔和地将油门收至慢车位,当直升机在 12~70 ft 高度开始下沉时,应稍向上提总距杆,同时向前压杆减小直升机仰角,逐渐改平直升机,高度 3~5 ft,柔和地上提总距杆,并向右前方压杆,使直升机的滑橇与地面平行,空速减至"0",不带侧滑接地。接地时直升机可能出现轻微的向右侧偏转,接地后,柔和地操纵总距杆至最低位置。

综上所述,尾桨脚蹬卡阻所导致的尾桨丧失效能是直升机最严重的故障之一,该故障对飞行姿态影响较大,严重威胁着直升机的飞行安全。脚蹬卡阻发生后,飞行人员应迅速判明情况并采取正确的处置措施,通过适当调整发动机输出功率、上提/下放总距杆、操纵驾驶杆等方法控制直升机的空速、航向及姿态,以操纵直升机平稳落地。

第 9 章　老龄直升机液压系统维修

9.1　概　述

液压系统是指以油液为工作介质，依靠油压驱动执行机构完成特定操纵动作的装置。直升机液压系统主要用于飞行操纵系统、起落架系统以及刹车系统的控制，是直升机的重要系统之一，如图 9.1 所示。为保证液压系统工作的可靠性，对于中大型直升机，通常装有两套（或多套）独立工作的液压系统，并包括辅助液压系统和应急液压系统。

典型的直升机液压系统具有以下优点：动作速度快、工作压力较高，而且油液本身具有润滑作用，其运动机构不易磨损。但液压系统的缺点也比较明显，如油液容易渗漏、密封件耐腐蚀性差、系统易产生内漏等。液压系统维护不当，会降低设备的使用寿命，如设备使用超时或维护保养不及时，都可能加速液压系统性能变坏。

图 9.1　某型直升机位于甲板上部的液压操纵系统

直升机液压系统是一个复杂、多元联系的有机整体，通常系统故障的现象和原因对应关系不明确，表现出综合性和多样性的特点，这就为液压系统的排故带来了极大的困难。因此，加强老龄直升机液压系统故障研究，保障直升机液压系统运行的稳定性，进一步提高液压系统工作可靠性和安全性就显得极为重要。

9.1.1　液压系统的结构及功用

本文以 BELL206BⅢ型直升机液压系统为研究对象，该型直升机的液压系统通常由以下部分组成：油箱、油泵、调压器、油滤、电磁活门和 3 个伺服作动筒等。

1. 液压系统的主要功用

液压系统的主要功用是为伺服器提供一定压力的液压油，以减轻操纵驾驶杆和总距杆的操纵力，并减小驾驶杆和总距杆的抖动。

BELL206BⅢ型直升机液压系统组成及工作路线如图 9.2 所示。

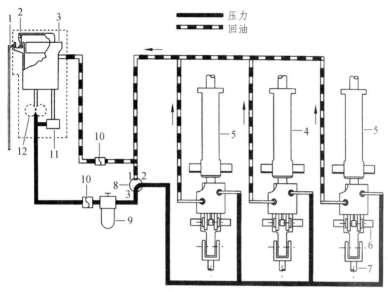

图 9.2　BELL206BⅢ型直升机液压系统组成及工作路线

1—排油管路；2—进气孔；3—储油箱；4—伺服作动筒（驾驶杆）；5—伺服作动筒（总距杆）；
6—飞行员操纵输入信号；7—旋翼操纵；8—电磁活门；9—油滤；
10—快卸插座；11—压力调节器；12—增压泵

液压油从油箱靠重量流入油泵，被油泵增压后的液压油通过快卸插座和油滤流入电磁活门。当电磁活门工作时，液压油经电磁活门流入 3 个伺服作动筒等待工作，工作后的液压油又通过快速拆卸插座流回油箱。当电磁活门不工作时，油泵打来的液压油经电磁活门直接流回液压油箱。

1）储油箱及增压泵

储油箱、增压泵及调压器固定在一个连接在主减速器上的组合件内部。BELL206BⅢ型直升机的储油箱容积为 1 quart（夸脱）*，周围有散热片，冷却空气直接流过油箱周围，对液压油进行冷却散热，如图 9.3 所示。在油箱顶部有加油口及通气口，加油口内置一个带有托盘式的滤网，以便对加进去的液压油进行过滤。

在油箱背面有一个溢出口以便使添加过量的油液能溢出来，油箱侧面有球状透明塑料观察窗，通过观察窗可以看到油箱内的油面高度。

通常直升机液压系统使用的液压油呈红色，当液压油变成黑色时，说明油液已变质，应及时更换油液。

增压泵为齿轮式油泵，由主减速器内的油泵轴进行传动，这样可以使得当发动机发生故障后，

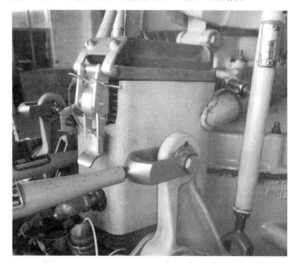

图 9.3　BELL206BⅢ型直升机液压油箱

---

* 夸脱（quart）为非法定计量单位，1 quart＝0.946 L。

旋翼在自转的飞行过程中仍然能够提供液压操纵力，油泵提供的液压油的压力可以进行调节。

2）油滤及电磁活门

油滤及电磁活门安装在客舱顶上方，伺服作动筒右侧。

油滤用来过滤油液中的杂质。如果液压系统中的油滤滤芯是纸质的，清洗时，禁止使用超声波清洗，可以使用毛刷在干净的液压油中进行清洗。

油滤上有液压油进口及出口，油液从进口进入经滤网的周围进入油滤中间，然后再次从出口流出。当油滤过脏被堵塞严重时，油的阻力增加，压力增加，此时，从进口进入的油液一部分进入油滤的上方，克服弹簧的力量向下压动活塞，此时活塞销带动销子转动，使中间红色指示杆在弹簧的作用下自动被弹出，这说明油滤较脏，需要进行清洗后才能使用。

电磁活门由驾驶舱中央操纵台下方的液压增压电门来控制。当电门在下方时，电磁活门不工作，流入伺服作动筒的油路被关断，此时油泵打来的液压油经电磁活门的接头进入油箱。当电门扳至上方时，电磁活门工作，流入伺服作动筒的油路被打开，此时油泵打来的液压油经电磁活门接头流入伺服作动筒准备工作。

3）伺服作动筒

液压系统中共有 3 个伺服作动筒，位于客舱顶部的上表面。一个是总桨距的作动筒，另两个则是驾驶杆进行前后和左右倾斜运动的作动筒。

伺服作动筒通常包含有以下几个部件：不可逆活门（单向活门）、顺序活门、压差活门、传动装置、套筒组以及输入装置等，液压助力器结构原理如图 9.4 所示。

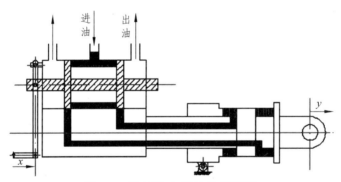

图 9.4 液压助力器结构原理图

不可逆活门是保证流入伺服作动筒的液压油消失后，顺序活门的柱塞被下弹簧和菌状活门向上推时，不可逆活门关闭了液压油的回流油路，以保持驾驶员在系统不工作时，仍然可以操作直升机。

顺序活门是在液压系统不工作时，由于其他因素的影响，使得液压油温升高，系统压力增大时，卸载油液的压力，起到释压的作用。当系统正常工作时，回流的液压油经顺序活门流入液压油箱。

2. 液压系统工作状况

当增压电门打开时，油液通过单向活门至伺服作动筒的进口。如果驾驶员移动驾驶杆或总桨距杆，输入装置移动伺服作动筒中的柱塞，这时进口油路被打开，使压力油进入到伺服作动筒的一端，而密封在另一端的油液被释放回去。这时，与伺服作动筒相连的操纵摇臂移动，直接操纵直升机的倾斜器斜盘倾斜或升降。当驾驶杆或总桨距杆停止移动时，伺服作动筒的内筒停止移动，随即将进口油路关闭。此时的倾斜器斜盘，由于密封在作动筒内的油液而被保持在一个新的位置上。

如果液压系统失效，由于单向活门及释压活门能防止油液的溢出，因此，形成了一个闭合的油路。油液由于不可压缩，便被单向活门和释压活门密封在伺服作动筒内。在回油管路的另一端，因为没有压力使顺序活门打开，油液也是被密封的。

伺服作动筒在有油压时，飞行员的操作负荷被作动筒内的油压限制。当油压失效并且在移动驾驶杆后，油压活门被打开，油液被引到作动筒的活塞上，当活塞另一侧的油液被活塞的运动挤压出去后，油液便通过低压单向活门顺着闭合油路流入油压活门。

9.1.2　液压系统主要失效模式

液压系统作为操纵直升机的辅助部件，其工作状况直接影响着直升机的飞行操纵品质。液压系统的失效模式主要表现为液压系统污染，近年来，因液压系统污染而导致的直升机飞行事故时有发生，应加强老龄直升机液压系统维护，定期更换液压油及其油滤，防止液压系统污染，切实保障老龄直升机的飞行安全。

老龄直升机液压系统污染的种类及危害具体表现为以下几个方面：

1. 固体颗粒物/胶状物污染

液压油中的固体颗粒污染物会加速附件的磨损、封严损伤，堵塞管路和节流孔，致使液压附件的活动配合面卡滞或划伤。

具体危害有：

（1）含有固体颗粒污染物的液压油与研磨金属加工面所使用的研磨剂极为相似，这些颗粒硬度一般都很高，可看作是切削金属镀层的刀具而划伤或刺入金属内，加上液压附件频繁运动，使得颗粒与金属表面反复摩擦或接触，导致金属镀层表面产生损伤或磨损，产生磨削。而这些磨削是经过硬化的金属颗粒，又将作为硬磨料参与磨损。

（2）颗粒污染物随着高速流动的油液不断"冲击"管道中的附件表面，使其不断遭到磨损性损伤，轻度磨损可导致节流孔的孔径增大，严重状况下的磨损可导致节流孔调节失灵，液压系统操纵失效。

（3）由于颗粒污染物形状不规则，在油压作用下进入附件活动配合面的间隙内，使得运动部件发生卡滞，甚至导致系统卡死而无法正常操作的状况。

2. 水污染

水进入液压系统中，主要危害是：

（1）低温结冰，堵塞油孔。在直升机飞行时，有一部分液压油是处于相对静止的，随着飞行高度升高，大气温度下降，使远离热源的液压油温度降低（如油液中存在游离水和乳化水，当温度下降至一定程度，就可能结冰而堵塞系统中的节流孔和滤网）。

（2）加速金属锈蚀，使金属表面磨损严重。液压油中的游离水会与液压油互相作用，生成沉淀和腐蚀性物质，使油液表面张力和黏度减小，从而破坏了附在金属表面的油膜，并使润滑性变差，加快金属表面的磨损和锈蚀。

（3）加速微生物繁衍生息，使油液污染加重。液压油中水分子是微生物在油液中赖以生存的必要条件，尤其是乳化水能为一些有害细菌提供生存的环境，由于微生物能产生酸性物质，从而加速了化学腐蚀过程，加剧了液压系统中附件的腐蚀。

3. 气体污染

液压系统中的气体，主要危害是：

（1）产生气穴，引起气蚀。溶解在油液中的气体当压力下降到一定程度时，就会呈微小气泡游离出来而悬浮在液体中，当气泡进入高压区时，就会受到绝热压缩，最后溃灭，使高压油液以很高的速度冲向气泡中心，互相摩擦和撞击，使温度和压力骤然升高（局部温度可达 1 000 ℃），如这种局部撞击发生在固体壁上，将加剧附件内表面的氧化腐蚀；如果气泡进入系统传动部件中，则传动时间增加，执行动作迟缓，甚至出现传动时快时慢或爬行现象。此外，气穴还会使油泵气塞，导致供油量迅速下降并使油压脉动加剧。

（2）破坏润滑，加速油液氧化变质。油液中的气体会使附在零件表面的油膜遭到破坏，从而减弱油液的润滑性，使相对运动的零部件出现黏合及磨损。而且，在高温、高压的环境下，气体极易造成液压油氧化变质，并生成有害的酸性物质或胶状沉淀物，腐蚀系统内的金属机件。

直升机液压系统故障造成系统工作不可靠、部件损坏，甚至造成严重的飞行事故。而且液压系统故障大部分都具有突发性，故障现象不明确，故障分析与排除较为困难。因此，进一步提高直升机液压系统的维护水平，严格控制液压系统的污染，降低液压系统的故障率，保障液压系统工作的可靠性和安全性就显得极为重要。

9.2　老龄直升机液压系统的维护特点

老龄直升机的液压系统使用时间较长，其液压系统发生故障的概率更大，在针对老龄直升机液压系统的维护中应严格控制，保持液压油的清洁，防止液压系统受到污染，应注意以下几点：

（1）定期更换液压油、液压油滤（如罗宾逊 R44 直升机要求每 300 飞行小时更换液压油滤，每500 飞行小时更换液压油），并对液压系统进行冲洗，保持液压系统的清洁。更换液压油及其油滤后，应对系统进行功能测试。

（2）对于存放时间较长的液压油，在使用前应进行清洁度检查，其清洁度符合规定后再进行添加，同时，在添加液压油时严禁不同牌号的液压油混用。

（3）在更换液压油时应对地面加油设备，如漏斗、油滤等进行检查，确保加油设备的清洁，防止外来物进入液压系统。

（4）定期更换液压系统内部的密封圈，防止系统发生渗漏，尤其要注意防止系统发生内漏（系统内漏无法及时发现，危害较大）。如果在日常检查中发现液压油液损耗较快，应详细检查所有的部件和管路是否出现渗漏现象。

（5）对液压系统进行更换液压油、密封圈等工作后，应对系统进行排气（缓慢向系统加注液压油，同时反复操作直升机总距杆与驾驶杆，直至液压油箱内无气泡逸出，确保系统内的气体排除干净），防止系统出现气塞。

（6）在对液压系统进行修理、排故等工作时，应对从液压系统上拆下的部附件进行清洁（纸质油滤应禁止使用超声波进行清洗，对于金属油滤可使用超声波清洗），清洗干净后使用堵盖盖住接头部位，防止污染。

（7）检查各管路、附件的固定状况是否良好，各摇臂轴承是否有松动现象，定期清洗伺服作动筒上的污垢和灰尘，防止因磨损而引起的系统渗漏。

（8）在对液压系统进行修理、排故或更换液压部件、液压油后应使用地面液压源对系统进行地面测试，确保系统功能正常、性能参数满足直升机操纵要求。

直升机液压系统污染可导致系统工作不可靠、部件损坏、故障频发，甚至造成严重的飞行事故。考虑直升机液压系统的维护要求较高，维护人员应定期检查系统的工作状况，并通过对系统进行全方位、多角度、有针对性的检查与维护，预防系统受到外来物的污染，保证系统操纵性能的稳定性与可靠性，为直升机的飞行提供可靠的安全保障。

9.3 直升机液压系统典型故障

直升机液压系统在长期使用过程中，由于液压油在高温高压作用下将产生积碳与油泥，同时因系统内的柱塞、电磁活门等部件反复运动，极易产生颗粒状的磨损杂质，在系统周围环境的水分与灰尘等杂质的共同作用下，导致液压系统压力下降、响应迟缓，系统的稳定性和承载能力逐渐下降，甚至导致操纵系统失效并产生严重的飞行事故。

例如，2018 年 4 月某日，国内某通航公司一架直升机执行任务时放下起落架，起落架放下锁定指示灯不亮，应急放起落架，起落架放下并锁定到位，最终该机安全着陆。

事后对该机起落架系统进行检查，发现该机上安装的用于提供起落架放下动力的液压泵疑似故障。分解检查液压泵，泵体电机内部进入液压油，电机电刷一端已完全磨光，另一端磨损量也已超出限制，如图 9.5 所示。

图 9.5 受损的电动液压泵

故障原因分析：

（1）在对液压泵电机组件分解时发现电机壳体内部充满了深色的糊状物，糊状物为污染物与液压油液相互融合后的产物，该产物同时造成了液压泵油缸内部出现液压油明显变质的情况。

（2）在对液压泵进行功能测试时发现，电压表指示为 12 V，但电流表无指示，液压泵无法工作。在分解液压泵电机组件时，发现电机碳刷磨损超标（碳刷磨损殆尽），液压油进入电动液压泵的电机壳体内部，碳刷工作环境急剧恶化，同时与碳刷磨损物混合，加速碳刷磨损。电机内部发生断路，直至造成电机不工作的状况发生。

（3）在分解液压泵电机组件时，发现电机转轴密封圈有损伤（毛刺）情况。该转轴密封圈为液压泵翻修工艺必换件，在电机转轴长期高速旋转的工作环境下，造成电机转轴密封圈产生机械损伤。

预防措施：

（1）机务人员在检查液压泵及系统液压油的状况时，如果发现液压油变质、变色，应及时更换系统液压油。

（2）在对液压泵进行翻修工作时，应更换密封圈，同时注意旋转部件的表面应清洁、无毛刺，防止密封圈受损。

液压系统故障是造成直升机事故的主要原因之一，在对液压系统进行维护的过程中，应做好直升机液压系统污染的控制，对密封圈、胶圈以及封严等进行仔细检查，防止系统出现内漏，并制订相关液压系统检查或更换件工作流程，切实保障液压系统工作可靠，有效保证直升机的飞行安全。

第 10 章　老龄直升机的振动与减振技术

直升机由于其构造的特殊性，存在大量的旋转部件，每个旋转部件都是一个独立的振动源。持续的振动不仅使直升机操纵性能降低、飞行员疲劳度增加，更会使关键部件出现磨损、疲劳断裂和突然失效的可能性增加。特别是对于老龄直升机来讲，由于机龄较长，使用时间较多，部件都存在不同程度的磨损，装配间隙增大，强度和安全裕度降低，持续振动对老龄直升机使用安全具有更大的危害。因此，深入认识和了解振动的机理和危害，将直升机的整机振动水平维持在较低的程度，对于保障老龄直升机飞行安全具有重要意义。

虽然直升机振动源众多，但主要振动源为主旋翼、尾桨和散热风扇，主要振动源是造成直升机整机振动的主要因素，通常通过对主要振动源的调整来平衡其他振动源引起的振动，从而将整机振动维持在较低水平。

本章将着重讨论振动的机理、主旋翼振动特性分析及老龄直升机减振技术。

10.1　直升机振动的危害

通常情况下，直升机主旋翼系统的振动频率多为 0～30 Hz 之间的低频振动，这种持续的低频振动会对直升机多方面造成严重影响。

首先，这种低频振动可能对直升机驾驶员的身体产生影响。人体是一个复杂的共振系统，对低频振动的耐受力较差。低频振动会使某些器官或结构发生较大的位移。4～6 Hz 的振动可引起胸、腹部的共振，12 Hz 左右的振动可引起脊柱的共振，15～25 Hz 可引起头部相对于躯干的波动。

振动对直升机驾驶员工作能力的影响是多方面的。人体或目标的振动会使飞行员视觉模糊，对各类飞机、发动机仪表判读困难。振动频率为 1～10 Hz 时，肢体和人机界面的振动使飞行员动作不协调，操纵误差增加，振动频率在 5 Hz 时误差达到最大；全身振动会使语言明显失真或间断，振动频率为 4～10 Hz 时，飞行员语言品质下降，难以维持足够的清晰度，导致空、地沟通不畅。同时，由于振动使飞行员脑中枢机能水平降低、注意力分散、容易疲劳，从而加剧振动的心理损害。

其次，振动可能对机载精密仪器和电子设备造成危害。通常情况下，振动对机载精密仪器、设备的影响主要表现在以下 3 个方面：

（1）振动会影响精密仪器和电子设备的正常运行，影响对仪器、仪表的刻度阅读的准确性和阅读速度，甚至根本无法读数。若振动值过大，会直接影响仪器仪表的使用寿命，甚至破坏精密仪器和电子设备。

（2）对某些灵敏的电器，如灵敏继电器，振动甚至会引起其误动作，从而可能造成直升机操作困难，甚至导致直升机失控。

（3）振动会使一些精密的导航部件（诸如航向、高度和速度等计算元）的计算精度下降，甚至失效。特别是在进行恶劣条件下的仪表飞行时，极易导致飞行事故的发生。

最后，直升机主旋翼系统振动可能对直升机机体和发动机结构造成危害。持续的低频振动对直升机机体和发动机结构的危害主要表现在以下几个方面：

（1）动静部分发生摩擦：特别是对直升机发动机而言，为了提高燃气涡轴式发动机的工作效率，发动机内部通流部分的间隙，特别是径向间隙一般都比较小（约为 500 μm），在持续振动的条件下，极易造成动静部分摩擦。由此不但直接造成动静部件的损坏，而且当汽封间隙变大后，增加了转子轴向推力，引起推力轴承温度升高，甚至导致推力轴承损坏；如果摩擦直接发生在转轴处，将会造成转子的热弯曲，使轴和轴承振动进一步增大，形成恶性循环，由此常常引起转轴的永久弯曲。

（2）加速某些部件的磨损和产生偏磨：因振动而使部件产生不均匀磨损，主要有轴颈、蜗杆、活动式联轴器、发电机转子滑环、励磁机的整流子等等。对静止部件来说，主要是加速系统的磨损。振动之所以能使这些部件加速磨损或偏磨，是由于动静部件或两个部件之间存在着差别振动，而且这个差别振动的方向，对转子来说是一定的，它由转子上的扰动力的方向所决定（在一定转速下）。这些转动部件在定向差别振动的作用下，转动部件的某一方向磨损较其他方向大，因而产生偏磨。

（3）动静部件的疲劳损坏：由于振动使某些部件产生过大的动应力，因而导致疲劳损坏，并且由此造成更大的损坏，甚至导致机毁人亡。这种疲劳损坏虽然要有一个时间过程，但是随着部件上应力的增大，时间过程可以大为缩短。

（4）某些紧固件的断裂和松脱：过大振动使某些结构件的固定螺栓断裂或使某些关键部件发生松动而脱落，失去它们原有的功能，从而导致事故的发生。

（5）发动机经济性能降低：燃气轮机汽封间隙的大小，与燃气轮机热经济性有密切关系。而汽封间隙能否保持最佳数值，很大程度上取决于振动状况。持续的振动会使汽封间隙变大，使发动机热经济性降低。

（6）全机共振：当振动的频率与直升机机身的固有频率一致时，将引起全机共振。发生全机共振后，将引起直升机的剧烈振动，振动值最大可达 10 IPS（英寸/秒）以上，这将导致机身结构损坏、部件脱落、人员受伤，甚至导致直升机空中解体。

10.2　振动的一般机理

振动一般是指物体（或物体的一部分）在平衡位置（物体静止时的位置）附近所做的往复运动。而在快速旋转系统中的振动除了具有一般振动的特性之外，还有其自身特殊性。

快速旋转系统中，如果一个完全平衡的圆盘安装在一个刚性中心轴上，沿着圆盘边缘各处旋转所产生的向外离心力将是恒定的（见图 10.1）。此时，圆盘边缘将围绕轴线保持一个完全稳定的圆形轨迹，而不会有不均衡力传到周围。

如果将一个配重加到圆盘边缘，当圆盘转动时产生的离心力将干扰其轨迹，导致围绕旋转中心的质量不平衡，形成沿中心轴的摆动（见图 10.2）。放在中心轴下面摆动最大点处的支撑弹簧自然会感受到这种不平衡的影响，当配重圆盘通过其旋转轨迹的顶部和底部时，每一圈弹簧就上下振动一次，这叫作横向质量不平衡，即振动的方向平行于转子系统的旋转平面。由横向质量不平衡所产生的振动力将以相同的强度传递到中心轴的另一端。

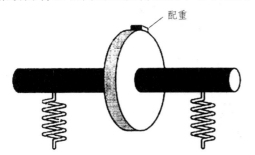

图 10.1　理想转子及配重和支撑弹簧

图 10.2　质量不平衡产生的摆振

一般而言，快速旋转的转子系统产生的这种共鸣嗡嗡声是由于振动通过机身和座舱传播而形成的。这种振动产生的影响较为严重，将可能损坏系统硬件。如果对过大的振动不加处理，那么，在一段时间内持续承受振动的部件，就会受到磨损、剥蚀、疲劳甚至断裂。

那么，如何才能确定并抵消快速转盘中的横向质量不平衡呢？我们知道，当振动的弹簧达到最大延伸点（正振幅）时，转盘的配重边缘必定位于其旋转轨迹顶部；当弹簧达到最大压缩点（负振幅）时，配重边缘位于轨迹底部，仅仅根据弹簧的位置就能确定配重的位置。也就是说，如果我们让转盘停止在最大振幅点，配重边缘应该位于其轨迹顶部。弹簧的伸缩可以测量出来作为正、负振动幅度，绘制成位移对时间的曲线（见图 10.3）。圆盘在任何指定瞬间的位置叫作角度位置（相位角或时钟角），它是边缘上某个指定点与某些固定模拟参考（方位）之间关系的一种测定，是依照两个点所对的中心角计算出来的。因此，圆盘的角度位置准确地告诉我们不稳定的质量位于何处。此外，振幅的大小——弹簧的伸缩量与配重直接有关。根据这一信息，我们能够准确定位不平衡源，或者减少配重量，或者在圆盘的对面边缘增加一平衡配重，或采取其他措施纠正不平衡状态。

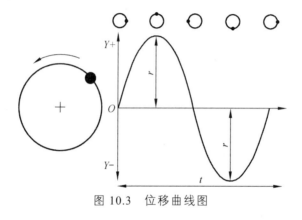

图 10.3　位移曲线图

图 10.3 所示为位移曲线图，可用数学等式描述：

$$y = r\sin\theta \tag{10.1}$$

式中，r 是振幅，θ 是相位角。

振动测试仪在测速仪或速度传感器的帮助下，确定不平稳旋翼的角度位置和振动幅度。测速仪是一种电子转换器，用来测量位移速度——位移相对于时间的变化率。简单的正弦振荡器的速度 v 可用数学方式来表示为

$$v = 2fx\cos\theta \tag{10.2}$$

式中，f 是旋转频率，x 是振动幅度，θ 是相位角。等式所形成的波形从图 10.4 中可以看到，位移波形产生了 90° 的相移。

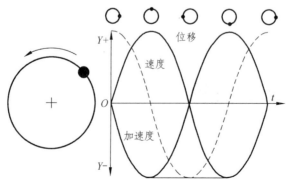

图 10.4　位移、速度和加速度曲线图

10.3　直升机中的振动分类

直升机中的振动按频率高低可分为超低频振动、低频振动、中频振动和高频振动；按振动的方向可分为横向振动和垂直振动。

有些振动是直升机所固有的，因而认为是正常的。直升机主旋翼或尾桨每转动一圈振动次数与桨叶数量相同的振动是最重要的振动，2 倍和 3 倍于桨叶数量的振动是次重要的振动，并且始终存在少量的高频振动。例如 BELL206BⅢ（JetRanger）直升机采用双桨叶、跷跷板式旋翼系统，每圈 2 次（2/rev）的振动是最重要的振动，而每圈 4 次（4/rev）或每圈 6 次（6/rev）的振动则是次重要的振动。因此，在完成直升机动平衡工作中应重点关注重要振动。

10.3.1　超低频振动

超低频振动仅限于每秒 2 ~ 3 次的摆动振动，通常它与旋翼主轴和主减速器系统有关，并且这种振动很少出现。

当在正常的飞行中感觉到这种"摇摆振动"时，表明主减速器支架或主减速器减振器的某些部件存在问题，应尽快着陆进行检查，以确定原因，并采取适当的纠正措施。

10.3.2　低频振动

每圈数次的振动（与桨叶数量有关）是由主旋翼引起的。这种振动有两种基本类型：横向振动和垂直振动。

每圈一次（1/rev）的垂直振动是由于在指定点不同桨叶的升力差异引起的。而每圈与桨叶数量相同的振动次数是主旋翼系统所固有的、始终存在的低振幅振动。如果振动明显增强，超过了与桨叶数量相同振动的程度，其原因主要有以下两种：一是旋翼系统失去了规定的阻尼即缓冲能力；二是旋翼系统自身抵抗振动的能力降低。

引起旋翼系统阻尼作用失效的因素包括：主减速器安装支架及节点支柱性能退化或松动，使机身部件产生与桨叶数量相同的谐波振动。

旋翼系统自身抵抗振动的能力降低，可能是由于旋翼桨毂部件磨损或松动，或旋翼旋转控制系统部件松动造成的。

10.3.3　中频振动

中频振动（2 倍和 3 倍于桨叶数量的振动）是与旋翼有关的另一类固有振动。这些振动程度的增强是由于机身吸收振动能力的变化所引起的，例如滑橇松动后将引起中频的垂直振动。

机身吸收振动能力的变化还包括：机载燃油油量的变化、外部装备、结构性损伤、结构修理、内部载荷或货物重量等。异常振动几乎都与这些状况有关。

这类振动与机身结构有很大的关系。最常见的原因是由于滑橇的固定件松动、磨损或安装不当。检查松动的滑橇，可在飞行中用驾驶杆摇晃直升机，观察滑橇的振动情况。注意不能过度摇晃直升机，否则，本来不松动的滑橇也会产生振动。

如果滑橇松动，在转弯和机动飞行时，滑橇也会产生额外的振动。

产生中频振动的其他原因还有：水平安定面、各维护检查窗口、货物挂钩、电子设备、挂在门外的安全带和发动机/主减速器整流罩等。

10.3.4 高频振动

直升机上以等于或大于尾桨转速转动或振动的任何部件，都可以引起高频振动。所包含因素多为非正常状态下引起的振动，例如液压管喘振或起动机继电器振动。最普通和常见的原因是升降舵连杆松动、升降舵松动或尾桨失衡或偏离轨迹、尾桨传动轴弯曲和轴承损坏等。

10.3.5 横向振动

在直升机主旋翼系统中振动方向平行于旋翼旋转平面的振动称为横向振动，横向振动是由于旋翼或旋翼部件离心力的不平衡引起的。

在直升机飞行中，当旋翼或旋翼部件离心力不平衡时，会出现横向振动。当振动传递到直升机机舱后，由于滚转运动，使左右排列的机组座椅出现不协调的上下跳动，即当正驾驶座椅向上跳动时，副驾驶座椅则向下跳动，使得这种横向振动被感觉为垂直振动。剧烈的横向振动可感知为明显的侧向运动和垂直运动。

由旋翼或旋翼部件离心力的不平衡引起的横向振动分为两类：展向失衡和弦向失衡。展向失衡是指沿旋翼翼展方向的失衡，是由于旋翼系统一侧的桨叶和桨毂夹头比另一侧的桨叶和桨毂夹头较重所引起的；弦向失衡是指沿旋翼翼弦方向的失衡，是由于旋翼系统桨叶和桨毂夹头沿旋翼翼弦方向质量分布不均引起的。展向失衡和弦向失衡与桨毂和桨叶同时有关。

由于横向振动对空速不敏感，而对转速非常敏感。因此，在直升机主旋翼动平衡试验中多在直升机悬停状态时进行横向平衡的测试和调整。通常情况下，弦向失衡在发动机 N2 转速为 95%时达到极值，而展向失衡在发动机 N2 转速为 100%时达到极值，因此，这也是判断旋翼系统的横向失衡是展向失衡还是弦向失衡的重要依据。

10.3.6 垂直振动

在直升机主旋翼系统中振动方向垂直于旋翼旋转平面的振动称为垂直振动，垂直振动通常是由于在指定点不同桨叶的升力差异引起的。形成垂直振动的具体原因将在后面的内容中详细说明。

10.4 直升机主旋翼振动特性分析

虽然直升机的主要振动源包含主旋翼、尾桨和散热风扇，但由于本节将对直升机主旋翼振动特性进行详细分析，因此，先对几种典型的直升机主旋翼系统及其特点做一些简单的介绍。

10.4.1 直升机主旋翼系统

直升机主旋翼系统主要由桨叶和桨毂组成。旋翼的形式是由桨毂的形式决定的，它随着材料、工艺和旋翼理论的发展而发展。到目前为止，已在实践中应用的旋翼形式有铰接式、跷跷板式、无铰式和无轴承式等，它们各自的原理如图 10.5 所示。

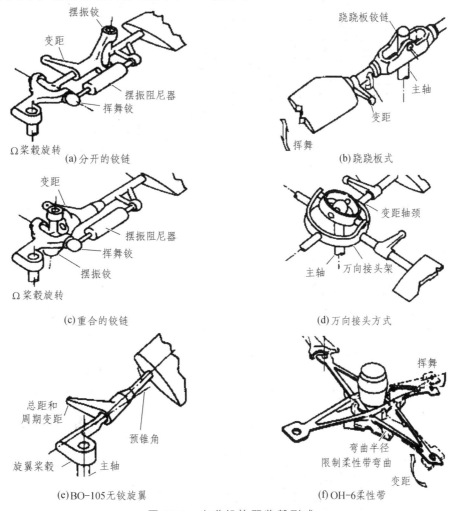

图 10.5　直升机旋翼桨毂形式

　　下面将对应用最广泛的铰接式桨毂和跷跷板式桨毂的结构特点做简要的介绍。

1. 铰接式桨毂

　　铰接式（又称全铰接式）旋翼桨毂是通过在桨毂上设置挥舞铰、摆振铰和变距铰来实现桨叶的挥舞、摆振和变距运动。典型的铰接式桨毂铰的布置顺序（从里向外）是由挥舞铰、摆振铰到变距铰，也有挥舞铰与摆振铰重合的。

　　在轴向铰中除了用推力轴承来负担离心力并实现变距运动外，另一种流行的方式是利用弹性元件拉扭杆来执行这个功能，如图 10.6 所示。这样在旋翼进行变距操纵时必须克服拉扭杆的弹性及扭转，为了减小操纵力，就必须使拉扭杆有足够低的扭转刚度。

　　铰接式桨毂构造复杂，维护检修的工作量大，疲劳寿命低。因此在直升机的发展中一直在努力改善这种情况。在 20 世纪 60 年代后期开始发展的层压弹性体轴承（橡胶轴承）是解决这个问题的一个较好的方案，现已实际应用。

　　层压弹性体轴承也可称为胶核轴承，由每两层薄橡胶层中间由金属片隔开并硫化在一起。内外的相对转动是通过橡胶层的剪切变形来实现的，而径向负荷则要由橡胶的受压来传递。

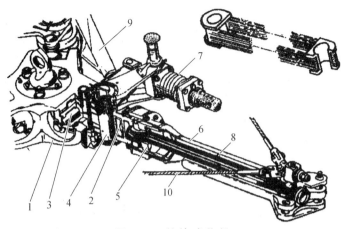

图 10.6　铰接式桨毂

1—桨毂；2—连接件；3—轴承；4—轴承；5—变距轴颈；6—变距铰毂体；
7—阻尼器；8—拉扭杆；9—支架；10—防振钢索

2. 万向接头式和跷跷板式桨毂

20 世纪 40 年代中期，在全铰式旋翼得到广泛应用的同时，贝尔公司发展了万向接头式旋翼，并将其成功地应用在总重量 1 t 级的轻型直升机 Bell-47 上。50 年代中期又把万向接头式进一步发展成跷跷板式，研制了总重量达 4 t 多的中型直升机 UH-1 和 9 t 级的 Bell-214 直升机。虽然这两种旋翼形式除了 BELL 和 ROBINSON 公司外很少有其他公司采用，但由于 BELL 和 ROBINSON 系列直升机的数量在全球占有很大的份额，因此，这两种旋翼形式也是当今应用最广泛的旋翼形式。

如图 10.7 所示为万向接头式旋翼桨毂的构造，图 10.8 为其原理图。两片桨叶通过各自的轴向铰

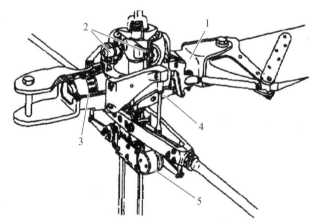

图 10.7　万向接头式桨毂

1—桨根转接套；2—轴承；3—弹性轴承；4—变距拉杆；5—摇臂

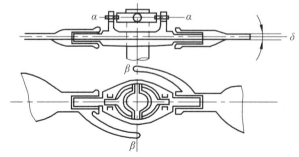

图 10.8　万向接头式桨毂工作原理

和桨毂壳体互相连接，而桨毂壳体又通过万向接头与旋翼轴相连。挥舞运动通过万向接头 β-β 铰实现。改变总距是通过轴向铰实现的，而周期变距是通过万向接头绕 α-α 铰的转动来实现。

跷跷板式旋翼和万向接头式旋翼的主要区别是桨毂壳体只通过一个水平铰与旋翼轴相连，这种桨毂构造比万向接头式简单一些，但是周期变距也是通过变距铰来实现的。如图 10.9 所示为跷跷板式旋翼系统。跷跷板式旋翼一般变距铰采用拉扭杆来负担离心力。这两种桨毂形式与铰接式桨毂相比，其优点是桨毂构造简单，去掉了摆振铰、减摆器，两片桨叶共同的挥舞铰不负担离心力而只传递拉力及旋翼力矩，轴承负荷比较小，没有"地面共振"问题。

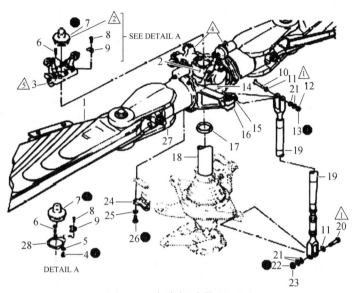

图 10.9　跷跷板式旋翼系统

1—主桨叶；2—十字轴头；3—挥舞限制器；4—螺帽；5—垫片；6—螺钉；7—主螺帽；8—螺栓；9—锁销；
10—螺栓；11—薄钢垫；12—开口销；13—螺帽；14—轭头；15—十字轴头轴承；16—变距摇臂；
17—锥形件；18—主轴；19—变距连杆；20—螺栓；21—薄钢垫；22—螺帽；23—开口销；
24—静止挡块；25—垫片；26—螺帽；27—夹头；28—衬垫

10.4.2　直升机主旋翼的空气动力学关系

完全刚性的直升机主旋翼空气动力学非常复杂，不对称气流是造成直升机旋翼动力学和空气动力学许多问题的根本原因（见图 10.10）。前行桨叶感受着旋转速度和前飞速度之和，在高速前飞时，桨尖马赫数可达到 0.92～0.95。后行桨叶感受着旋转速度和前飞速度之差，它的内侧有一个反流区，因低速而使它在大迎角下工作，在高速前飞时容易发生气流分离失速。

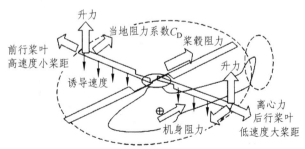

图 10.10　直升机主旋翼空气动力学关系

1. 主旋翼流场分析

主旋翼的运动与固定翼飞机机翼的不同，因为主旋翼的桨叶除了随直升机一同做直线或曲线运动外，还要绕旋翼轴旋转，因此桨叶空气动力现象要比机翼的复杂得多。

与固定翼飞机上的螺旋桨相比较，由于两者技术要求不同，旋翼的直径大且转速小，螺旋桨的直径小而转速大，在分析、设计上就有所区别。设一旋翼，桨叶片数为 k，以恒定角速度 Ω 绕轴旋转，并以速度 v_0 沿旋转轴做直线运动。如果在想象中用一中心轴线与旋翼轴重合，而半径为 r 的圆柱面把桨叶裁开，并将这圆柱面展开成平面，就得到桨叶剖面。既然这时桨叶包括旋转运动和直线运动，对于桨叶剖面来说，应有周向速度（等于 Ωr）和垂直于旋转平面的速度（等于 v_0），而合速度是两者的矢量和。显然可以看出，用不同半径的圆柱面所截出来的各个桨叶剖面，它们的合速度是不同的：大小不同，方向也不相同。如果再考虑到由于桨叶运动所激起的附加气流速度（诱导速度），那么桨叶各个剖面与空气之间的相对速度就更加不同。

建立旋翼构造轴系：坐标原点在旋翼中心；竖轴 OY_s 沿旋翼的构造旋转轴，向上为正；纵轴 OX_s 指向前方与速度 v_0 在构造旋转平面（S-S 平面）的投影重合。若旋翼旋转方向如图 10.11 所示，定义为右旋旋翼，则按右手规则确定（若是左旋旋翼则按左手规则确定）横轴 OZ_s 轴方向。

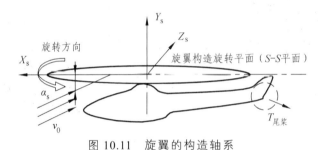

图 10.11　旋翼的构造轴系

把来流 v_0 与旋翼的构造旋转平面（S-S 平面）之间的夹角 α_s 定义为旋翼构造迎角。平行于构造旋转平面的速度系数 μ 称为前进比，则

$$\mu = \frac{v_0 \cos \alpha_s}{\Omega r} \tag{10.3}$$

垂直于构造旋转平面的速度系数 λ_0 称为轴向来流系数（或流入比）

$$\lambda_0 = \frac{v_0 \sin \alpha_s}{\Omega r} \tag{10.4}$$

在悬停飞行状态，由于 $v_0=0$，则 $\mu=0$，$\lambda_0=0$。α_s 无意义。

在垂直下降状态，由于 v_0 自下而上流向旋翼，则 $\mu \approx 0$，$\alpha_s \approx 90°$，$\lambda_0 > 0$。

在垂直上升状态，$\mu \approx 0$，$\alpha_s \approx -90°$，$\lambda_0 < 0$。

在前飞状态，直升机飞行速度越大，μ 值越大，$\alpha_s \approx -5° \sim 10°$，$\lambda_0 < 0$。来流从斜上方吹向旋翼，如图 10.12 所示。

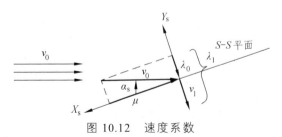

图 10.12　速度系数

如计入旋转平面处的等效轴向诱导速度 v_1，则旋转的轴向气流为 $v_0 \sin \alpha_s - v_1$，轴向来流系数为

$$\lambda_1 = \frac{v_0 \sin \alpha_s - v_1}{\Omega r} \tag{10.5}$$

在轴流状态，桨叶的周向来流只是由桨叶旋转产生的，而分布规律为 Ωr，即沿径向位置呈三角形分布，且各片桨叶相同（见图 10.13）。

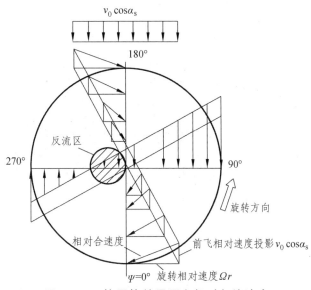

图 10.13 旋翼旋转平面上相对气流速度

在斜流状态，旋转平面内增加了前飞相对速度的投影 $v_0 \cos \alpha_s = \mu \Omega r$，这一速度分量对不同位置的各片桨叶影响不同。

用 Ψ 表示桨叶所在的方位角，顺旋转方向以 $-X_s$ 轴方位为 $\Psi = 0$。桨叶在 $\Psi = 0° \sim 90° \sim 180°$ 的半圆内逆风旋转，在此区间的桨叶称为前行桨叶。桨叶在 $\Psi = 180° \sim 270° \sim 360°$ 的半圆内顺风旋转，在此区间的桨叶称为后行桨叶。桨叶在旋转平面内的相对气流应是旋转相对速度 Ωr 与前飞相对速度投影 $v_0 \cos \alpha_s$ 的矢量和。

在方位角 Ψ 处的桨叶上，径向位置 r 处的相对气流速度为

$$\text{周向分量} = \Omega r + \mu \Omega r \sin \Psi \tag{10.6}$$

$$\text{径向分量} = \mu \Omega r \cos \Psi \tag{10.7}$$

由于前飞速度的投影 $v_0 \cos \alpha_s$ 的影响，造成旋翼旋转平面上左右两边的相对气流速度不对称。前飞速度越大，旋翼旋转平面上相对气流速度不对称程度越大。由此，在后行桨叶一侧，靠近桨心处旋转速度小于 $\mu \Omega r$ 的一段桨叶上，相对气流是自后缘吹向前缘的，成为反流区。此区域的边界由周向速度分量为零确定：$r \leqslant -\mu r \sin \Psi$，表示为一个在 $\Psi = 180° \sim 360°$ 范围内直径等于 μR 的圆形区域（小于 4% 的旋翼旋转平面）。在此区内桨叶的空气动力特性不正常。

2. 旋翼桨叶的运动

旋翼桨叶同桨毂之间装有铰链，通过铰链可使桨叶进行 3 种转动：

（1）桨叶可绕桨叶轴向铰进行转动，改变桨叶安装角（桨距）ϕ（见图 10.14）。

（2）桨叶可绕水平铰转动，产生挥舞（见图 10.15）。挥舞角 β 在结构上受限动块限制。

（3）桨叶可绕垂直铰转动（见图 10.16）。其转动角 ζ 为后摆角或前摆角，在结构上也受限动块限制。由于跷跷板式旋翼系统取消了垂直铰，因此桨叶只存在刚性的摆动。

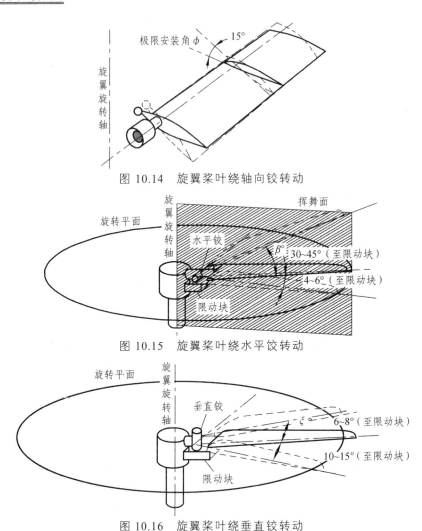

图 10.14　旋翼桨叶绕轴向铰转动

图 10.15　旋翼桨叶绕水平铰转动

图 10.16　旋翼桨叶绕垂直铰转动

3. 旋翼桨叶的挥舞

在前面的分析中，我们假定桨叶是在桨毂旋转平面内旋转。实际上，由于具有水平铰，当旋翼不旋转时，桨叶只受垂直向下的自身重力的作用；当旋翼旋转时，每片桨叶上的作用力除自身重力外，还有空气动力和惯性离心力。空气动力拉力向上的分力方向与重力方向相反，它绕水平铰构成的力矩，使桨叶上挥；而惯性离心力相对水平铰所形成的力矩，力求使桨叶在桨毂旋转平面内旋转。在悬停或垂直飞行状态中，这 3 个力矩综合的结果，使得桨叶保持在与桨毂旋转平面成某一角度的位置上，旋翼形成一个倒立的锥体。桨叶从桨毂旋转平面扬起的角度叫锥角。桨叶产生的拉力为桨叶自身重量的 10～15 倍，但桨叶的惯性和离心力更大（通常约为桨叶拉力的十几倍），所以锥角实际上并不大，仅有 3°～5°。

由于桨距周期性变化，桨叶在旋转时产生旋翼桨叶的挥舞。此时任意旋转面和挥舞面总运动轨迹将位于新的倾斜面上，新倾斜面与原旋转面倾斜有一定角度，即旋转平面和自动倾斜盘面各自绕不同方位的轴转动。旋翼旋转时，桨叶轴和旋翼旋转轴平面上的作用力如图 10.17 所示。升力 $Y_叶$，重力 $G_叶$，挥舞惯性力 J 和桨叶离心力 $J_叶 = m\omega^2 r$。

桨叶升力为桨叶重量的 10～15 倍，桨叶离心力为桨叶重量的 100～150 倍。

由于作用在桨叶上力的影响，使旋翼桨叶不是在桨毂的旋转平面上旋转，而是沿锥面旋转，锥角 β 取决于桨叶对水平铰作用力的力矩的平衡条件。即对水平铰各作用力力矩之和等于零。$L_{水平}$ 为水平铰的外伸量。

铰接式旋翼的桨叶根部通过水平铰（或称挥舞铰）与旋转轴相连，桨叶可绕水平铰做上下挥舞运动。

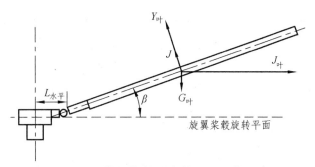

图 10.17　旋翼旋转时在桨叶上的作用力

桨叶在挥舞运动中偏离旋翼的构造旋转平面（S-S 平面）向上抬起的角度 β 称为桨叶挥舞角（见图 10.18）。桨叶挥舞运动所在的平面称为挥舞平面，挥舞平面与 S-S 平面相垂直。

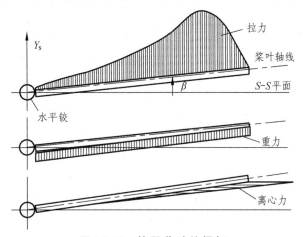

图 10.18　旋翼桨叶的挥舞

直升机在悬停时各片桨叶的挥舞角相同，即 $\beta=a_0$（a_0 称为旋翼锥度角），不随方位角变化，旋翼的旋转轨迹是一个倒置圆锥，锥形轨迹称为旋翼锥体，桨尖轨迹圆是旋翼锥体的底面，称为桨尖平面（或 D-D 平面），如图 10.19 所示。

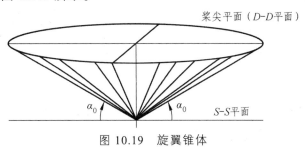

图 10.19　旋翼锥体

在垂直飞行状态，若未加周期操纵，则 D-D 平面平行于 S-S 平面，此时处于均匀挥舞状况，并不影响桨叶空气动力的对称性。

直升机前飞时，旋翼处于斜流状态，桨叶的相对气流及空气动力沿方位角周期变化，使得桨叶在旋转中具有周期挥舞运动，此时旋翼锥体（或桨尖平面）向后侧略微倾斜。

挥舞角可用傅里叶级数表示：

$$\beta=a_0 - a_1\cos\varPsi - b_1\sin\varPsi - a_2\cos2\varPsi - b_2\sin2\varPsi\cdots \tag{10.8}$$

对于傅里叶级数中各项可表示的几何意义为：

（1）a_0 是挥舞角中不随方位角改变的常数部分。在悬停姿态 $\beta=a_0$，a_0 表示旋翼锥体角的大小。

（2）$-a_1\cos\varPsi$ 表示桨叶挥舞角的简单余弦运动部分。在 $\varPsi=180°$ 处达最大值（$+a_1$），在 $\varPsi=0°$ 处

达最小值（$-a_1$），而在 $\Psi=90°$ 和 $\Psi=270°$ 处为零。表明：桨叶在正前方（X_s 轴的正向）位置时上抬达最高，在正后方下垂达最低，这种运动在桨尖轨迹上表现为旋翼锥体向后倒了 a_1 角度。此角度（即 a_1）称为后倒角。

$\beta=-a_1\cos\Psi$ 的运动规律和 $D\text{-}D$ 平面的倾斜状态如图 10.20 所示。

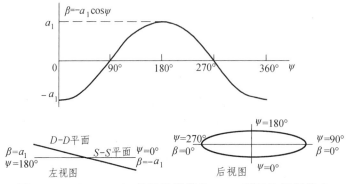

图 10.20　$\beta=-a_1\cos\Psi$ 的运动规律和 $D\text{-}D$ 平面的倾斜状态

（3）$-b_1\sin\Psi$ 表示桨叶挥舞角的简单正弦运动部分。它的作用是使旋翼锥体向 $\Psi=90°$ 方向倾斜了 b_1 角度。此角度（即 b_1）称为侧倒角。

以 a_2、b_2...等为振幅的各阶谐波项，可视为桨叶相对于旋翼锥体表面的高阶运动，在旋翼动力学中需考虑。

通常只取一阶挥舞运动：$\beta=a_0-a_1\cos\Psi-b_1\sin\Psi$。这样，桨叶上抬一个锥度角 a_0，并以此为中立位置作简谐运动。挥舞运动的轨迹是桨尖平面（$D\text{-}D$ 平面）相对于构造旋转平面（$S\text{-}S$ 平面）后倒 a_1 角度和向右倒 b_1 角度。在任一方位桨尖平面相对于构造旋转平面的关系如图 10.21 所示。

$$\Delta\beta=\beta-a_0=-a_1\cos\Psi-b_1\sin\Psi \tag{10.9}$$

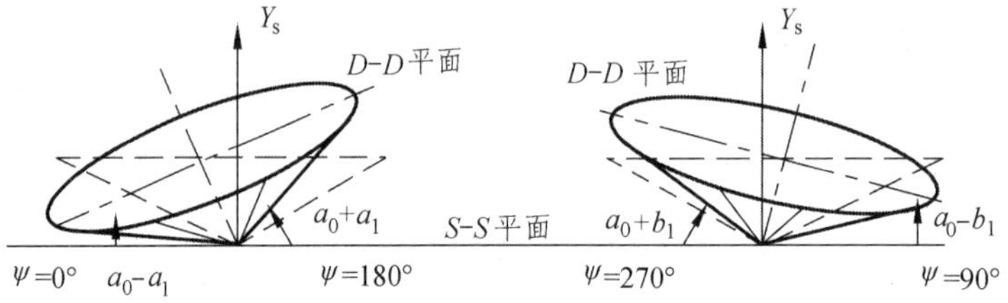

图 10.21　桨尖平面与构造旋转平面关系

由于桨尖平面向后倒又向右倾，则挥舞角 β 最小的方位应在 $\Psi=0°\sim90°$ 象限内；β 最大的方位应在 $\Psi=180°\sim270°$ 象限内；对应的方位角可由

$$\frac{\mathrm{d}\beta}{\mathrm{d}\psi}=a_1\sin\psi-b_1\cos\psi=0 \tag{10.10}$$

得

$$\psi(\beta_{\max},\beta_{\min})=\arctan\frac{b_1}{a_1}$$

挥舞运动的角度为

$$\dot{\beta}=\frac{\mathrm{d}\beta}{\mathrm{d}t}=\frac{\mathrm{d}\beta}{\mathrm{d}\psi}\cdot\frac{\mathrm{d}\psi}{\mathrm{d}t}=(a_1\sin\psi-b_1\cos\psi)\Omega \tag{10.11}$$

挥舞角速度最大时和最小时的方位角可由

$$\frac{\mathrm{d}\dot{\beta}}{\mathrm{d}\psi}=(a_1\cos\psi+b_1\sin\psi)\Omega=0 \tag{10.12}$$

计算出

$$\psi(\dot{\beta}_{\max}, \dot{\beta}_{\min}) = \arctan\left(-\frac{a_1}{b_1}\right)$$ （10.13）

挥舞角最大时或最小时的方位比挥舞角速度最大或最小时的方位恰好超前 90°，即在时间上滞后 1/4 周。即桨叶在挥舞速度达最大（或最小）之后再转过 1/4 圈，才挥舞达到最高（或最低）位置，如图 10.22 所示。

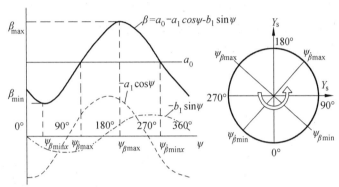

图 10.22　挥舞角与挥舞角速度关系

挥舞系数的物理意义：

（1）锥度角 a_0 取决于桨叶绕水平铰的两个力矩（拉力力矩和离心力力矩）之间的平衡关系。在不同的飞行状态下，即使旋翼转速及总拉力相同，由于拉力沿桨叶径向位置的分布不同，锥度角也会有差别。当拉力分布偏重于桨尖部分时锥度角较大；当拉力分布偏重于桨根部分时锥度角较小。

（2）后倒角 a_1 起源于旋转平面上周向相对气流的不对称。当桨叶由 $\Psi=0°$ 向前转动时，周向流速由基准值开始增加，升力趋于增大，使桨叶上抬；而在桨叶上挥的同时，向下的相对气流使桨叶各剖面的迎角减小，阻止升力的增大。则挥舞速度起着自动调节升力的作用。挥舞运动提供的迎角补偿如图 10.23 所示。

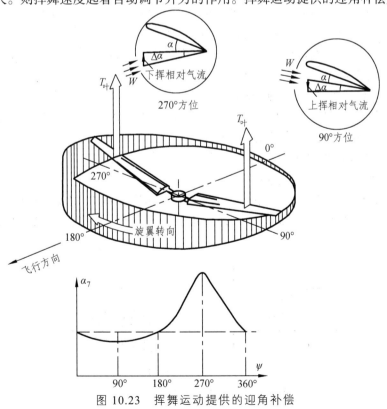

图 10.23　挥舞运动提供的迎角补偿

从图 10.24 可见桨叶转到 $\Psi=90°$ 处，周向流速达到最大，桨叶上挥速度达最大，迎角达最小。此后周向流速开始减小，升力趋于减小，上挥速度由最大开始减小，迎角由最小开始增大。到 $\Psi=180°$ 处上挥速度减小到 0，桨叶停止上抬，桨叶达最高位置。转过 180°位置后变成后行桨叶，周向流速继续减小，升力趋于减小，桨叶由最高位置开始下落，同时有向上的相对气流使桨叶各剖面的迎角增大，又补偿周向流速减小所引起的升力下降。后行桨叶在 $\Psi=270°$ 处下挥速度最大，此后周向流速由最小逐渐增大，下挥速度相应地逐渐减小直到 $\Psi=360°$ 处下挥速度减小为 0，桨叶即落到最低位置。这样，由于周向气流的左右不对称，使桨叶挥舞前高后低，形成桨尖平面的后倒角。

（3）侧倒角 b_1 主要由于锥度角 a_0 的影响。由于桨叶上抬并偏离了 S-S 平面，沿径向流速（$v_0\cos\alpha_s\cos\Psi$）不再与桨叶平行，对桨叶剖面迎角产生影响，如图 10.25 所示。

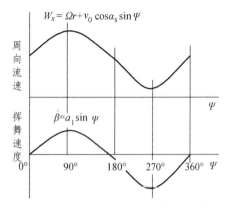

图 10.24 周向流速与挥舞速度的关系

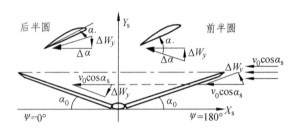

图 10.25 桨叶剖面迎角变化

在前半圆，这一速度分量使桨叶剖面迎角增大，且在 $\Psi=180°$ 处增加最多；在后半圆，这一速度分速分量使桨叶剖面迎角减小，且在 $\Psi=0°$ 处减小最多。这种迎角不对称也引起挥舞运动并自动调节桨叶升力，如图 10.26 所示。桨叶进入前半圆时因迎角增大而上挥，在 $\Psi=180°$ 处上挥速度最大，此后逐渐减小直到 $\Psi=270°$ 处上挥速度减小为 0，桨叶即抬到最高位置。桨叶进入后半圆时开始下落，在 $\Psi=0°$ 处下落速度最大，到 $\Psi=90°$ 处下落速度减小为 0，桨叶即落到最低位置。这样，桨叶挥舞左高右低，形成桨尖平面的侧倒角。

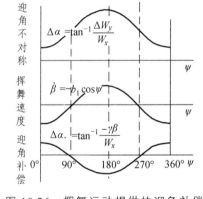

图 10.26 挥舞运动提供的迎角补偿

桨叶沿旋翼旋转面运动时的升力几乎是不变的，这是因为挥舞时桨叶切面迎角的改变补偿了由于桨距周期性变化而产生的迎角改变。此时，绕流速度不等于旋转的圆周速度，而等于旋转运动和挥舞所产生的气流速度矢量之和，如图 10.27 所示。

桨叶向上挥舞时，附加气流自上向下吹到桨叶上，合速度矢量 W 同翼弦构成一个比较小的夹角。此处是小迎角，结果在增大桨距的方位处，升力几乎是不增大的，如图 10.28 所示。

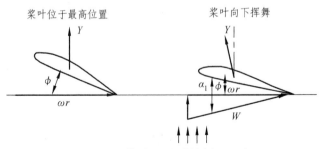

图 10.27 桨叶下垂时的剖面迎角

因此，桨距变化随之引起桨叶升力变化，但只要桨叶立即开始绕水平铰运动，升力变化会受到阻碍，使得任意方位上的升力自身保持不变，近似等于常数。

因桨叶向上挥舞或下垂引起的升力变化（略大于或小于平均值）由挥舞产生的惯性力来平衡。

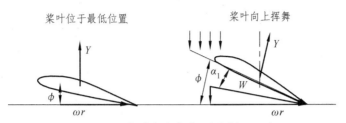

图 10.28　桨叶向上挥舞时的剖面迎角

4. 桨叶在旋翼旋转平面上的摆动

桨叶做挥舞运动时，桨叶重心距旋转轴的距离不断变化，如图 10.29 所示。

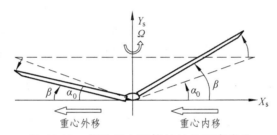

图 10.29　桨叶重心距旋转轴的距离变化

桨叶绕垂直铰摆动可减少空气动力和力矩周期性变化的影响。作用在桨叶旋转平面上的力分别为：空气阻力，哥氏力，离心力和旋转平面摆动的惯性力。

空气阻力：桨叶在旋转平面内的空气动力阻力会造成根部弯矩。在垂直飞行或悬停中桨叶任一方位的空气阻力大致相同。在水平飞行中，空气对旋翼斜吹，而速度场相对直升机纵向平面不对称，空气阻力在旋转一周内随桨叶方位进行周期性变化，如图 10.30 所示。

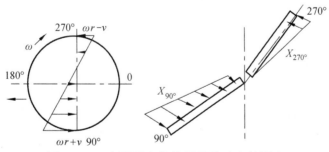

图 10.30　在不同方位作用于桨叶上的阻力

哥氏力：旋转的质量对旋转轴有相对运动，桨叶受到哥氏力的作用。挥舞运动引起的哥氏力是周期交变力。一片桨叶的哥氏力的最大幅值可达桨叶自重的 7 倍以上。桨叶的哥氏力在旋转平面内造成很大的交变弯矩。由于前行桨叶向上挥，质心内移，产生与旋转方向相同的哥氏力，使旋转加速；反之，由于后行桨叶自上抬位置向下挥，质心外移，产生与旋转方向相反的哥氏力，使旋转减速。如果桨叶的旋转角速度不能相应地变化，就会产生交变弯矩。

离心力：飞行中桨叶产生的离心力如同一个很强的绕垂直铰摆动的调节器，它阻碍桨叶远离自己的中立位置，如图 10.31 所示。

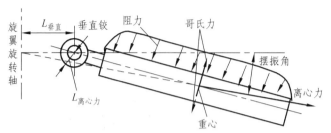

图 10.31　旋转平面上作用于桨叶上的力

为解决桨叶根部交变弯矩很大的问题，在旋翼上设置垂直铰。桨叶可绕垂直铰在旋转平面内前后摆动。$L_{垂直}$是垂直铰的外伸量。

桨叶的摆振运动是主要由哥氏力产生的受迫运动。可将摆振角 ζ 用傅里叶级数表示：

$$\zeta = e_0 - e_1 \cos \Psi - f_1 \sin \Psi \cdots \qquad (10.14)$$

由于桨叶的离心力对垂直铰可产生很大的恢复力矩，e_1，f_1 等谐波幅值很小，对旋翼气动性能影响很小，一般只需考虑 e_0 即可。摆振运动在分析结构振动或气动弹性耦合时有重要意义。

5. 桨叶各剖面上的气流速度

悬停状态仅由旋转运动才产生空气相对桨叶的流动，故相对桨叶各剖面的流速沿着桨叶形成三角形分布，而任一剖面上各方位的流速相等。因此，悬停状态桨叶任一方位的流速都是对称的，如图 10.32 所示。

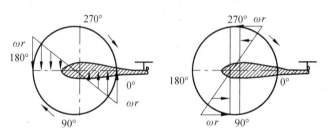

图 10.32　悬停时桨叶各剖面上的气流速度

水平飞行中，前行桨叶速度场（沿飞行方向），和后退桨叶速度场（反飞行方向）是不对称的。在图的左侧（$\psi=90°$）桨叶剖面旋转的圆周速度要加上直升机的飞行速度（$\omega r + v$），同样在图的右侧（$\psi=270°$）圆周速度要减去飞行速度（$\omega r - v$）。而在其他任一方位，圆周速度要加上它在圆周速度方向上的投影，如图 10.33 所示。

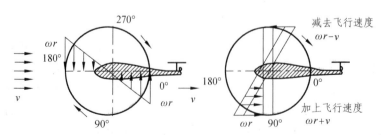

图 10.33　水平飞行时桨叶各剖面上的气流速度

在 $\psi=0°$ 和 $\psi=180°$ 方位，桨叶剖面流速仅等于圆周速度 ωr。这两个方位的速度场是对称的。

10.5　老龄直升机减振思路

直升机振动源众多，试图对每个振动源逐一进行平衡，从而减轻整机振动几乎是不可能完成的任务。特别是对于老龄直升机来讲，除了具备直升机共有的特征外，还具有使用时间长、部件磨损点多、装配间隙大、减振部件老化等特点。因此，老龄直升机的减振通常需要从以下两个方面同时入手。首先，应更换存在明显缺陷的部件，例如磨损的杆头、老化的橡胶减振垫等，并需对所有使用填隙片的部位进行重新测量，以获得最佳的填隙效果；其次，应对主要振动源进行动平衡调整以平衡其他振动源引起的振动，从而将整机振动维持在较低水平。

10.5.1　平衡图在直升机动平衡调整中的应用

在对直升机主要振动源进行动平衡时，将不可避免地使用到平衡图。平衡图是对直升机主要振动源进行动平衡工作中最重要的工具，对精确调整旋转部件动平衡起着重要的指导作用。平衡图通常由直升机生产厂家提供，不同结构的旋翼有不同的平衡图。也就是说，每张平衡图都代表了这种结构旋翼的动平衡特性。但厂家提供的平衡图来源于对大量的实验数据的总结，也就是讲，大多数该结构旋翼符合厂家提供平衡图的特征，但由于老龄直升机旋翼动平衡特性已经有所偏离，通常情况下老龄直升机旋翼特性已不再符合厂家提供的平衡图的特征。因此，在对老龄直升机进行动平衡工作时，需在厂家提供的平衡图的基础上做相应的修正，以使平衡图符合当前的旋翼特性。

在以下的章节中，将对平衡图的原理和使用方法进行详细的说明。

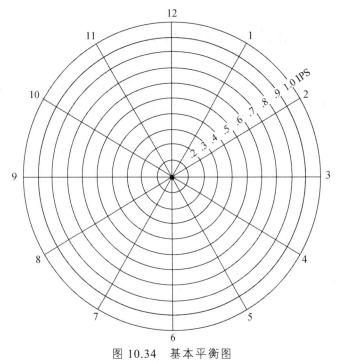

图 10.34　基本平衡图

10.5.2　平衡图的组成

平衡图是用来描述旋翼旋转时的不平衡量或不平衡点相对于旋转中心位置的图表。基本平衡图由两个刻度组成，第一部分是代表振动量的同心圆，第二部分是由中心向外延伸的时钟角或相位角。振动量刻度值由中心向外呈线性等额递增，单位通常为 IPS（英寸每秒），振幅刻度为 0.0～1.0 IPS。时钟角或相位角用于在旋转平面 360°范围内指示不平衡点的时钟位置。典型的直升机平衡图使用 12 小时制的角度格式（见图 10.34）。

10.5.3　平衡图的创建

下面将举例说明平衡图的创建过程。在这个例子中，我们使用有 4 个调整点的双叶尾桨（见图10.35）来做说明，这 4 个调整点分别位于每一片桨叶的叶尖[标靶桨叶（Target）叶尖和空白桨叶（Blank）叶尖]以及桨叶根部的叶弦配重点（A 点和 B 点）。

我们通过 4 个步骤来创建这种具有 4 点调整点的双叶尾桨的完整平衡图：

（1）通过测量和记录尾桨的初始振动值和相位角来建立尾桨的初始（基准）条件。

（2）在其中一个调整点上放置已知重量的配重，然后测量并记录振动值和相位角的变化。

（3）将同一配重放置在另外 3 个调整点，然后测量并记录所有条件下振动值和相位角的变化。

（4）计算每个调整点的影响系数，绘制平衡图。

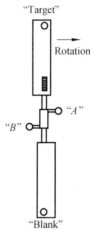

图 10.35　具有 4 个调整点的双叶尾桨

10.5.4　基准平衡图的建立

先在空白的平衡图上精确记录初始的振幅和方位角。初始振幅为 0.3 IPS，方位角为 2 点时钟方位，如图 10.36 所示，将初始的振幅和方位角标记为"1"。

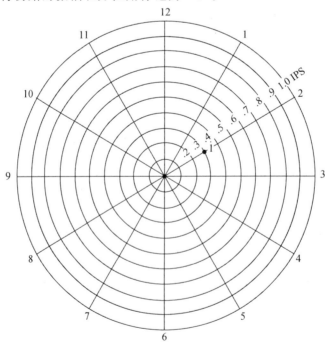

图 10.36　具有 4 个调整点的双叶尾桨基准平衡图

第二次动平衡实验前，先在标靶桨叶叶尖调整点上放置 5 g 的配重。第二次测量结果为：振动值为 0.7 IPS，方位角为 12:45。将这一结果在图 10.37 中标记为"2"。"1"和"2"点之间的虚线代表在标靶桨叶叶尖调整点上增加配重后振动点的移动方向。换句话说，若在标靶桨叶叶尖调整点上增加配重后，振动点将会从时钟方位 6 点向 12 点方向移动。

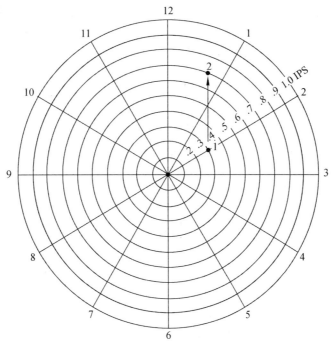

图 10.37　在标靶桨叶叶尖增加配重后的平衡图

接下来，将 5 g 配重依此放置在剩余的几个调整点，测量的振动值和方位角如下所示：

"空白"桨叶叶尖：振动值为 0.43 IPS，方位角为 4:50，标记为"3"。

"A"调整点：振动值为 0.3 IPS，方位角为 1:00，标记为"4"。

"B"调整点：振动值为 0.38 IPS，方位角 2:45，标记为"5"。

如图 10.38 所示，将配重放置在各个调整点的测量结果同时标注在同一平衡图上。

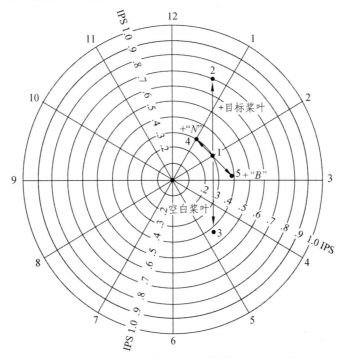

图 10.38　同一配重放置在不同调整点上的平衡图

10.5.5　移动线的建立

通过把初始（基准）点位置作为平衡图中心，将前面实验获得的几个振动点位置迁移到平衡图的中心，如图 10.39 所示。

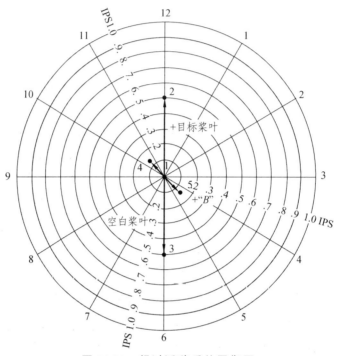

图 10.39　经过迁移后的平衡图

下一步，始于基准点做两条贯穿于整个平衡图，并将所有振动点连在一起的线条，如图 10.40 所示。

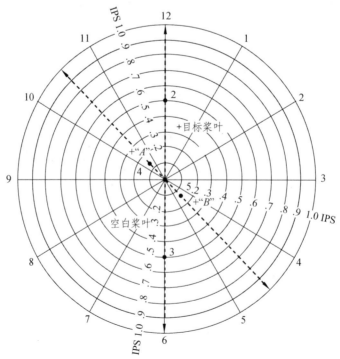

图 10.40　连接所有振动点的平衡图

然后，在平衡图外，做两条平行于连接线的线条，并在这两条线上标示调整点的名称，调整类型，以及每个调整点的影响因素，如图 10.41 所示。

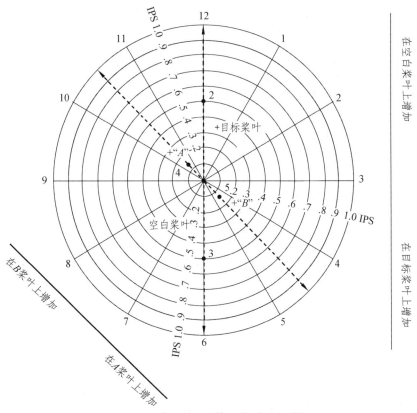

图 10.41　标示了调整点名称的平衡图

在图 10.41 中各个振动点都有一条与基准点相连的移动线。利用此图表，如要减小振动值，只需使振动点向平衡图的中心移动即可。

10.5.6　调整点影响系数（ICF）

到目前为止，虽然在平衡图中标示了调整点和移动线，但我们还需要知道采取什么样的方法和精确的调整量，以把振动值降低到可接受的范围内。

调整点影响系数（ICF）是用来描述减小定量振动值所需的精确调整量。影响系数（ICF）通常用克、度、螺面调整数和螺纹调整圈数等表示。所需调整量是通过测量移动线的长度来计算的。如图 10.42 所示，当把配重放置在叶尖调整点时，5 g 配重可改变振动值 0.5 IPS，经计算可知，每改变振动值 1 IPS，需配重 10 g；而把配重放置在翼弦调整点时，5 g 配重可改变振动值 0.15 IPS，经计算可知，每改变振动值 1 IPS，需配重 33 g。

图 10.43 为完整的平衡图，在图中添加了影响系数（ICF），同时也绘制了坐标网线，以便能够更加精确地查找到调整量。

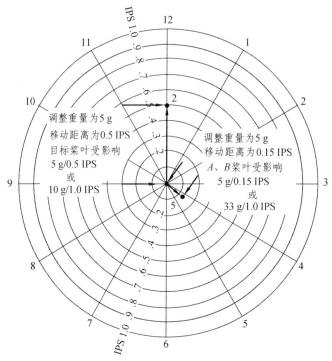

图 10.42　影响系数示意图

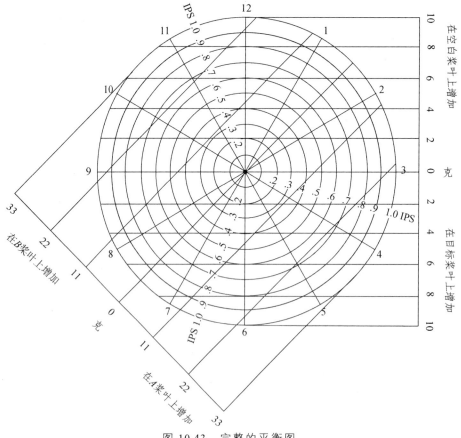

图 10.43　完整的平衡图

10.5.7 调整点影响系数（ICF）的确定

调整点影响系数（ICF）是衡量定量的调整对振动值减小量影响的指标，通常被描述为每改变 1 IPS 的振动值需要的调整量。对于给定的平衡图通常按以下步骤确定调整点的影响系数（ICF）：

（1）在平衡图上确定调整点。

（2）找到该调整点与振幅同心圆最外圈的切线，读出切线与调整刻度线的交点代表的调整量，该调整量即为该调整点的影响系数（ICF）。

如图 10.43 所示，对于标靶桨叶调整点，振幅同心圆最外圈切线与调整刻度线的交点处的调整量为 10 g，则标靶桨叶调整点的影响系数（ICF）为 10 g/IPS，同样，对于"A"调整点，振幅同心圆最外圈切线与调整刻度线的交点处的调整量为 33 g，则标靶桨叶调整点的影响系数（ICF）为 33 g/IPS。

10.5.8 平衡图的类型

平衡图分为两种类型：规则型和不规则型。

规则平衡图：指在各个方面都是相同的，即所有调整点都是同一类型、配重移动线沿整个图表被等角度均分，并且所有调整点的调整系数都是相同的平衡图。

不规则平衡图：有一个或一个以上与规则平衡图描述的因素不同的平衡图都为不规则平衡图。

下面将分别举例说明规则平衡图和不规则平衡图。

如图 10.44 所示，在图中有 4 个配重调整点，分别为标靶桨叶、空白桨叶、"A"调整点和"B"调整点，并且每个配重调整点的影响系数（ICF）均为 10 g/IPS，此外，所有 4 个配重调整点的振动点移动线沿平衡图被等距均分，区域点分别为标靶桨叶 = 6:00，空白桨叶 = 12:00，"A" = 9:00，"B" = 3:00。

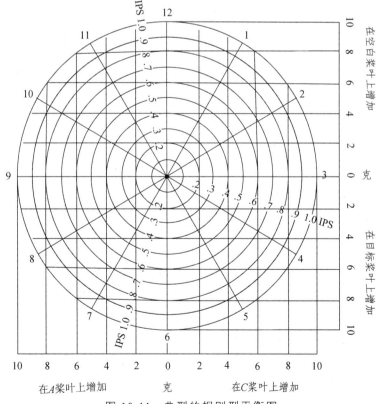

图 10.44 典型的规则型平衡图

所有的这些因素都满足规则平衡图的定义，因此这是一张典型的规则型平衡图。

与图 10.44 相反，图 10.45 虽然与图 10.44 具有两个相同的配重调整点（标靶桨叶和空白桨叶调整点），以及这两个配重调整点具有相同的调整点影响系数（ICF），但是，每个配重调整点的振动点移动线并未沿整个平衡图被等距均分，区域点分别为标靶桨叶 = 6:00，空白桨叶 = 12:00，"A" = 4:30，"B" = 10:30，同时，4 个配重调整点的调整点影响系数（ICF）也不完全相同，标靶桨叶和空白桨叶为 10 g/IPS，而 "A" 和 "B" 为 33 g/IPS。由于在平衡图 10.45 中所有因素并不完全相同，因此这是典型的不规则型平衡图。

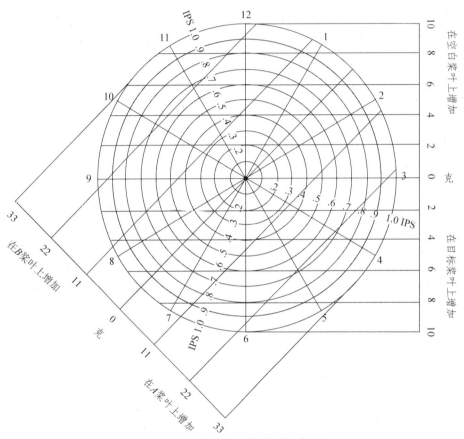

图 10.45 典型的不规则型平衡图

通常在判断平衡图的类型时，首先是看图表的布局，如果振动点移动线不是沿平衡图等角度分布，则图表一定是不规则型平衡图。如果振动点移动线沿平衡图等角度分布，则看调整点影响系数（ICF）和调整类型是否相同，如果所有调整点的这两个因素都相同，则说明该图表为规则型平衡图。

10.5.9 平衡图的应用

下面将使用几个不同布局的平衡图来说明平衡图的正确使用方法。

如图 10.46 所示，若初始振动值为 0.4IPS，方位角为 8:00。第一步应在图中标示出初始振动点所在的位置，记为 "1"。从图中可以看出，无法通过单一的调整使振动点沿移动线直接向平衡图中心移动，因此需要同时使用两种调整方法减小振动值。

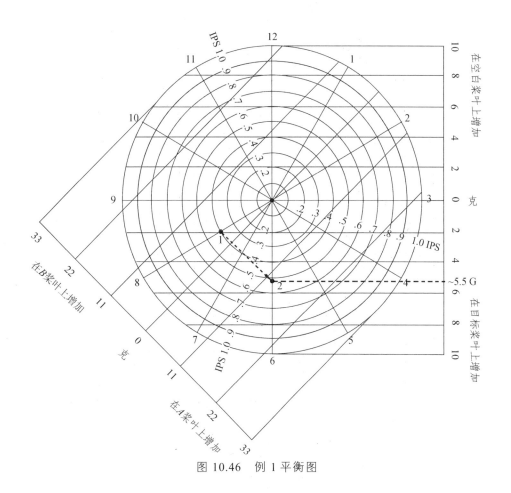

图 10.46　例 1 平衡图

　　从前面例子中所列举的平衡图可以看出，每个调整点都有一条特定的振动点移动线，因此，当初始振动点（基准点）没有位于振动点移动线上时，第一步调整就是采取适当的方法，使之移动到第二次调整能够直接向圆心移动的移动线上。如图 10.46 所示，初始振动点"1"没有直接位于任何一条振动点移动线上，因此，在"B"点增加配重后，振动点将沿 10:30 至 4:30 方向由"1"移动到"2"，再通过在标靶桨叶叶尖增加适量的配重，即可使振动点沿 6:00 至 12:00 方向移动到圆心。增加配重的重量取决于振动值的变化量，"1"移动到"2"时，需要在"B"点增加的配重量约为 17 g，而由"2"移动到圆心时，需在标靶桨叶叶尖增加的配重约为 5.5 g。

　　第二个例子如图 10.47 所示，若初始振动值是 0.78 IPS，方位角为 2:05（标记为"1"）。同样"1"没有直接位于任何一条振动点移动线上，无法通过一次调整使振动点直接向圆心移动，因此，需要采用同时在两边增加配重的方法来减小振动值。首先，需在"A"点增加配重约 3.0 g，使振动点"1"沿 12:00 至 6:00 方向移动到振动点"2"，然后，需在"D"点增加配重约 7.0 g，使振动点沿 3:00 至 9:00 方向向圆心移动。

　　最后一个例子如平衡图 10.48 所示，若初始振动值为 0.89 IPS，方位角为 3:55（标记为"1"）。从图中可以看出，振动点几乎位于"黄色桨叶调整点"的振动点移动线上，因此，首先应增加黄色桨叶俯仰连杆长度，使振动点沿 3:45 至 9:45 方向移动，调节量约为 3.75 螺面。第二次可通过增加红色桨叶俯仰连杆长度，使振动点向圆心移动。但此时调节的量已经非常小了，约为 0.2 螺面，如此精确的调整将变得非常困难，而且其影响也非常的小，因此可不做调整，振动值也能达到允许的精度范围内。

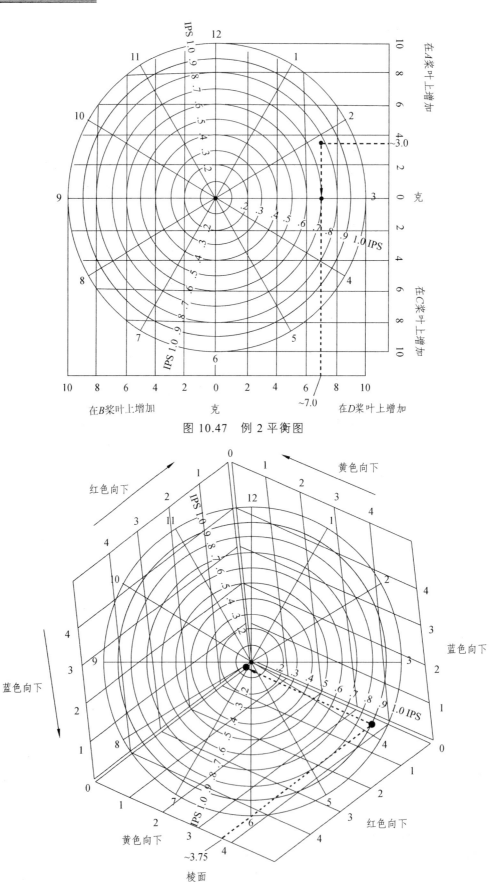

图 10.47 例 2 平衡图

图 10.48 例 3 平衡图

10.5.10　平衡图的修正和补偿

如前所述，由于老龄直升机旋翼动平衡特性已经有所偏离，通常情况下老龄直升机旋翼特性已不再符合厂家提供的平衡图的特征。因此，在对老龄直升机进行动平衡工作时，需在厂家提供的平衡图的基础上做相应的修正和补偿，以使平衡图符合当前的旋翼特性。

平衡图补偿是将振幅上的影响与相对于图形变化的时钟角进行比较。我们可以用一种特殊的计算法即移动线来确定比较的数量关系。移动线是两个平衡测量结果之间的矢量差。在一张平衡图纸上，它被表示为平衡点之间所画的直线。通常，当我们进行平衡图所规定的调整时，移动线的方向将会以可预测的方式改变。例如，如果进行两个补偿移动，则移动线应向前即通过平衡图的中心。如果只进行一个移动，移动线应该与从尚未校正的叶片轴心延伸出来的细实线平行移动——换句话说，这片桨叶上的重量没有改变。观察到的方向和预期方向之间的差异，表示必须适用于后来的测量的相位角修正量。这通常是靠转动时钟面或沿着图纸写下新的时钟数来完成的。这个补偿系数将适用于涉及相角的所有计算之中。

移动线的大小（即其长度）还表明某一特定振动的程度即幅度。当进行平衡图所规定的调整时，它将以一种可预测的方式改变。只进行一边的补偿移动，将使该桨叶的移动线完全为零变化轴线，也就是说，该桨叶所需的变化已经完成。移动线的长度与调整有直接的关系，观察量与预测量之比表示重量补偿百分比以及幅度调整百分比——必须适用于随后的测量中。例如，如果移动线太长，说明所加配重太多，若移动线太短，说明所加配重不足。利用这个比率，得出振动幅度的补偿系数，并将其加到平衡图数据上，且适用于重量调整的所有计算过程。

10.6　老龄直升机动平衡分析

10.6.1　老龄直升机动平衡测量

随着电子技术的飞速发展，直升机动平衡测量工具也在不断更新，从最初使用的 Chadwick Helmuth、Vibrex 2000 及 Vibrex 2000 Plus 系统到先进的 Aces 2020、Aces 4040 以及 Vibrex XP 系统，测量手段越来越先进和智能。下面将着重介绍目前使用最广泛的 Aces 2020 系统在老龄直升机动平衡工作中的应用。

10.6.2　Aces 2020 型动平衡分析仪

Aces 2020 型动平衡分析仪（Aces 2020 ProBalancer Analyzer）是美国 ACES 公司产品，最早被美国军方用于航空器振动测试与分析。该仪器具有功能强大、精度高、质量轻、携带方便以及易于操作等特点。

其主要功能和特点如下：

（1）双通道多周期同步采集数据，数据失真度小。

（2）适用范围广泛，可针对不同种类的测量条件（旋翼、尾桨、螺旋桨以及发动机等）进行平衡分析编程。

（3）可同时测量振动幅度和相位。

（4）支持旋翼轨迹测量，并采用方块图形象地显示每片桨叶的相对位置。

（5）兼容多种类型的传感器。

（6）支持频谱振动分析。

（7）运算功能强大，可依据用户的编程自动计算出调整位置和调整量。

（8）具备储存、回放及功能。

Aces 2020 型动平衡分析仪主要由以下几部分组成：

（1）Aces 2020 型分析仪主机，如图 10.49 所示。

主要功能：提供主操作界面，并且是实现数据汇总、分析、运算、储存和打印的主要功能元件。

（2）光学转速传感器，如图 10.50 所示。

主要功能：与反光胶带配合使用，采集转速信号，并传送到 Aces 2020 型分析仪主机。

（3）991D-1 振动传感器，如图 10.51 所示。

图 10.49　Aces 2020 型分析仪主机

图 10.50　光学转速传感器及连接导线　　　　图 10.51　振动传感器

主要功能：采集振幅信号，并通过连接导线传送到 Aces 2020 型分析仪主机。

（4）Model 540-2 型光学轨迹跟踪器，如图 10.52 所示。

主要功能：通过感受每片桨叶的相对位置来测量旋翼的轨迹。

（5）反光胶带。

主要功能：与光学转速传感器配合使用，通过反射光学转速传感器发出的光线，为测量仪提供转速信号。

图 10.52　Model 540-2 光学轨迹跟踪器

（6）导线、安装座等配套元件。

主要功能：与相关元件配套使用，用于传输信号或安装固定。

（7）数字式电子天平。

主要功能：精确称取配重重量。

10.6.3　Aces 2020 型动平衡分析仪的安装

本节以 BELL206BⅢ（JetRanger）直升机为例，介绍 Aces 2020 型动平衡分析仪的安装。

（1）在驾驶舱中央操作台左侧壁上安装一个 991D-1 振动传感器并用导线连接至 Aces 2020 动平衡分析仪主机用于测量垂直方向的振动，如图 10.53 所示。

（2）在主减速器上盖安装一个 991D-1 振动传感器（确保传感器对准旋转轴）并用导线连接至 Aces 2020 动平衡分析仪主机用于测量水平方向的振动，如图 10.54 所示。

图 10.53　用于测量垂直方向振动的 991D-1 振动传感器　　图 10.54　用于测量水平方向振动的 991D-1 振动传感器及光学转速传感器的安装

（3）使用安装座在主减速器上盖时钟刻度 9:00 方位（机头为 12:00 方位）安装光学转速传感器并用导线连接至 Aces 2020 动平衡分析仪主机用于测量主旋翼转速及确定振动值的相位，如图 10.54 所示。

（4）在旋翼倾斜盘动盘的下表面贴上一块反光胶带，如图 10.55 所示。

（5）将 Model 540-2 光学轨迹跟踪器电缆连接到 Aces 2020 动平衡分析仪主机的 "Aux./Com" 端口。

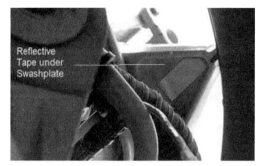

图 10.55　反光胶带的安装

10.6.4　Aces 2020 型动平衡分析仪的设置及应用

本节将以 BELL206BⅢ（JetRanger）直升机主旋翼平衡图为例，介绍 Aces 2020 型动平衡分析仪主机设置。

如图 10.56 和图 10.57 所示分别为主旋翼的垂直振动平衡图和横向振动平衡图。

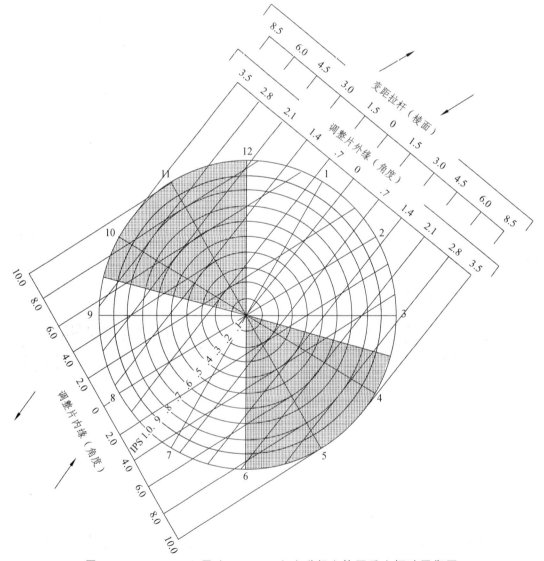

图 10.56　BELL206BⅢ（JetRanger）直升机主旋翼垂直振动平衡图

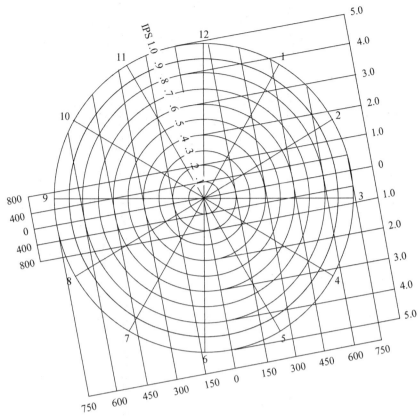

图 10.57　BELL206BⅢ（JetRanger）直升机主旋翼横向振动平衡图

以下设置步骤只需在第一次设定时进行，信息将被储存在数据库里供以后使用。

（1）按"ON"键，接通分析仪主机。

（2）按以下步骤进行设置：从"Main Menu"（主菜单）上选择"Main Rotor Track and Balance"（主旋翼轨迹测量及平衡）并按[Enter]（确认）键。从"Main Rotor Track and Balance"（主旋翼轨迹测量及平衡）菜单上，选择"Manage Setups"（操作设置）并按[Enter]（确认）。从"Manage Setups"（操作设置）菜单上，选择"Edit"（编辑）并按[Enter]（确认）。从"Edit"（编辑）显示屏上选择并按[New]（新建）键（见图 10.58）。

（3）屏幕上显示"Main Rotor Setup"（主旋翼设置），按所示输入主旋翼任务设置。完成后，按[Enter]（确认）键（见图 10.59）。

图 10.58　新建

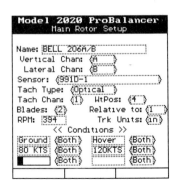

图 10.59　主旋翼设置

（4）现在将出现"Tracking Setup"（轨迹设置）显示屏。该显示屏用于输入主旋翼直径及描述超前/滞后角度的单位；按图上信息输入并按 [Enter]（确认）结束（见图 10.60）。

（5）屏幕显示"Main Rotor Conditions"（主旋翼状态）。此时，可以根据需要计算调整数值时所需的页面号及类型。同一类型，并且具有相同页面号的测量值将取平均值，用于计算调整数值。每类测量值的下"limit"（极限值）一格将用来设定分析仪判断是否需要进行调整的临界点。按相应空格内所显示的信息准确输入；完成后，按[Enter]（确认）键（见图10.61）。

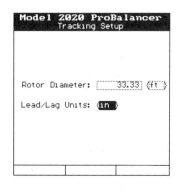

图 10.60　轨迹设置

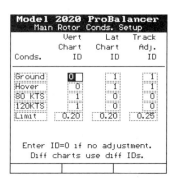

图 10.61　主旋翼状态设置

（6）屏幕上显示"M/R Adjustment Symbol Setup"（主旋翼调整符号设置），用于设定正调整值（＋）的调整方向。按所示输入数数值。完成后，按[Enter]（确认）键（见图10.62）。

注意：后掠角（sweep）调整是被分析仪限定为增大后略角为正值。但是不允许做减小后略角的调整。

（7）第一个需决定的主旋翼页面是"Vertical：80KTS.120KTS"（垂直：80KTS.120KTS）。此页面将确定调整片的调整数值以消减飞行中的垂直振动。依据平衡图中相应空格内输入信息；完成后，按 [Enter]（确认）键（见图10.63）。

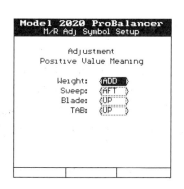

图 10.62　主旋翼调整符号设计

图 10.63　主旋翼图设置（一）

（8）下一步为Ground/Hover（地面/悬停）页面用于设置横向振动。此页面将确定沿翼展方向所需加装的配重和沿翼弦方向调整旋翼横向拉杆，以消减地面/悬停状态时而产生的水平振动。依据平衡图在相应空格内输入信息；完成后，按[Enter]（确认）键（见图10.64）。

注：T为目标桨叶、B为空白桨叶、SPAN为翼展、SWP为水平方向的锁紧螺栓、GMS为安装在桨叶根部空心螺栓内的配重重量、PTS为锁紧螺栓的标记点或锁紧螺栓齿峰。

（9）最后，屏幕将显示"Tracking Influence Setup"（轨迹数值设置）。此页面将确定桨距的调整数值，以便消减地面及悬停状态下的轨迹偏差。"Adj./in."（调整/英寸）灵敏度是用来向分析仪传递叶尖每移动1英寸时变距拉杆棱面所需调整的数值。按相应空格内所示的信息准确输入；完成后，按[Enter]（确认）键（见图10.65）。

注：PCL为变距拉杆、FLT为棱面。变距拉杆下方螺帽是粗螺距，上方螺帽是细螺距，同时由于此变距拉杆不是常规的松紧螺套，调整时需松开上下两个锁紧螺帽，以下方的拉杆棱面相对于下叉形接头伸缩为准。

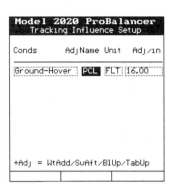

图 10.64　主旋翼图设置（二）　　　　　图 10.65　轨迹数值设置

（10）设置完成，按[Enter]（确认）、[Backup]（返回）、[Start Job]（开始工作），然后选择刚刚完成的 BELL206A/B Main Rotor Setup（BELL206A/B 主旋翼设置）。

10.6.5　Aces 2020 型动平衡分析仪的应用

下面介绍应用 Aces 2020 型动平衡分析仪获取数据的方法。

（1）进入数据采集页面后，首先为识别信息页面，在该页面输入识别信息后，储存起来的信息可以打印出来以助于识别当前的任务。完成后，按 [Enter]（确认）键（见图 10.66）。

（2）接下来为轨迹测量页面。在此页面可以为轨迹测量任务选择相应的设备，通常选用光学跟踪器。在输入获取轨迹数据所需的转动次数时，建议最少输入 50 以确保获取更准确的数据。接着输入光学轨迹跟踪器与叶尖之间的操作距离。完成后，按 [Enter]（确认）键（见图 10.67）。

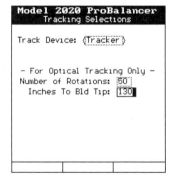

图 10.66　识别信息页面　　　　　　图 10.67　轨迹测量页面

（3）然后是主旋翼设置页面。该页面所显示的信息可以使用户确认其在设置时，设备的安装与所规定的信道是一致的（见图 10.68）。

① 按下与 "Tach Pwr"（转速传感器电源）对应的[F1]键，屏幕下方会出现 "Tach power On"。

② 将一条两英寸的反光胶带保持反光面对着光学转速传感器，贴在旋翼倾斜盘动盘的下表面。此时不要撕掉反光胶带的保护膜。

③ 反光胶带与光学转速传感器对齐时，光学转速传感器后方红色发光二极管会亮。在桨毂或者桨叶上贴反光胶带时，需清洁该区域。

④ 撕掉反光胶带的保护膜并且把它贴到桨叶或者桨毂已清洁过的表面上。

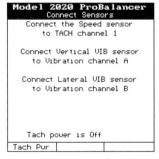

图 10.68　主旋翼设置页面

再次按下与 "Tach Pwr"（转速传感器电源）对应的[F1]键，关断转速传感器电源，屏幕下方将出现"Tach power Off";按[Enter]（确认）键继续。

（4）此时，屏幕显示起动直升机。该屏幕可以使客户查看当前的主旋翼的转速。直升机起动后，按 [Enter]（确认）键（见图10.69）。

（5）接下来屏幕显示可选择的直升机状态。这些地面及空中的飞行状态是在设置过程中确定的。选择相应的状态，按 [Enter]（确认）键（见图10.70）。

图 10.69　起动直升机

图 10.70　选择直升机状态

（6）接下来为振动数值读取页面，该页面在读取振动数值的整个过程中显示。一般情况下，当振动加剧时，百分比误差将快速地降低；当振动减弱时，误差将增加。这是正常的。当读取的振动数值稳定后，按[Enter]（确认）键。从页面上可以看到，页面的上部为适时数据，下部为平均值（见图10.71）。

（7）下一个页面为该状态下的不平衡数据页面。查看后，按 [Enter]（确认）键继续（见图10.72）。

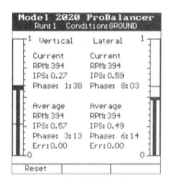

图 10.71　振动数值读取页面

图 10.72　不平衡数据页面

（8）此时，数据查看显示页面再次出现。按 [Enter]（确认）键继续或按[F3]键读取轨迹测量数据（见图10.73）。

（9）当按[F3]键后，"Track Screen"（轨迹显示屏）将出现，提示瞄准并激发光学轨迹跟踪器（见图10.74）。

图 10.73　数据查看页面

图 10.74　瞄准并激发光学轨迹跟踪器

① 当用光学轨迹跟踪器瞄准旋翼旋转面下方的水平线后，观察光学轨迹跟踪器后部的发光二极管（LED）的状态。

② 逐渐抬高光学轨迹跟踪器，直到 3 个绿色的发光二极管（LED）都亮。

③ 进一步抬高光学轨迹测量仪，验证上方 3 个红色的发光二极管（LED）亮。位于上方的这 3 个发光二极管（LED）的点亮表明有足够的反差触发光学轨迹跟踪器。如果这 3 个红色发光二极管（LED）不亮，则意味着反差度不够，光学轨迹跟踪器将不能正常工作。

④ 当确认有足够的反差时，缓慢地降低光学轨迹跟踪器，直到中间的绿色发光二极管（LED）亮，并将光学轨迹跟踪器稳定在该位置上。

⑤ 此时扣动并快速释放光学轨迹跟踪器板机，以触发光学轨迹跟踪器（不需要将板机按住）。继续将光学轨迹跟踪器稳定在该位置上（绿色发光二极管）以读得数据。

⑥ 当琥珀色灯灭时，表明数据采集结束。

这时，可放下光学轨迹跟踪器，进行数据读取。

（10）此时，轨迹数据，即轨迹偏差将显示在屏幕上。如果读取的数据包的数值小于总值的 75%，则按[Enter]（确认）键，然后按[F1]键重新读取数据。查看后，按[Enter]（确认）键继续（见图 10.75）。

（11）此时，屏幕再次显示读取的数据，按 [Enter]（确认）键继续（见图 10.76）。

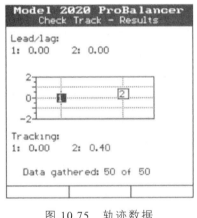

图 10.75　轨迹数据

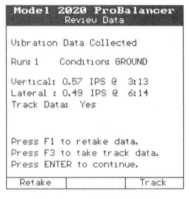

图 10.76　读取的数据

（12）在其他飞行阶段重复以上程序。当采集所有数据后，按"Adjust"[F2]（调整）键，关闭发动机，查看解决方案（见图 10.77）。

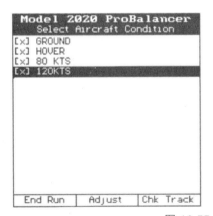

图 10.77　关闭发动机

注意：飞行中若发现振动太大，不能继续测试时，应尽快着陆终止飞行，排除引起强烈振动的故障源。

10.6.6 风速、风向对老龄直升机主旋翼动平衡特性的影响

为了验证风速、风向对老龄直升机主旋翼动平衡特性的影响，笔者在新疆乌鲁木齐地窝堡机场（黄海高程系标高 648 m）使用同一架直升机在不同风速、风向条件下进行了验证飞行。

当时的气象条件是能见度 8 km，地面风速 3~4 m/s，风向 270°，空中阵风 7~8 m/s。所使用的直升机先前已进行了动平衡调试，无风、速度 60 英里/小时条件下，横向振动值和垂直振动值分别为 0.08 IPS 和 0.11 IPS。当直升机在标准气压高度 3 000 ft（真高约 270 m），速度 60 英里/小时，在顺风和逆风条件下分别测得横向振动值和垂直振动值为 0.06 IPS 和 0.09 IPS 以及 0.18 IPS 和 0.43 IPS。从数据分析上可以看出：在顺风条件下，横向振动值和垂直振动值有减小的趋势；而在逆风条件下，横向振动值和垂直振动值都呈现激增的趋势。当采用常规的方法进行调整时，总是不能同时满足在无风和有风（特别是风速较大）情况下，横向振动值和垂直振动值均在 0.20 IPS 以下的要求。最终，采取增大桨叶安装角以提高地面大车扭矩，使地面大车扭矩由最初的 29%提高到 32%后，再采取前面所述的精确调整方法，终于使横向振动值和垂直振动值满足在无风和有风条件下同时在 0.20 IPS 以下的要求。

从气动原理上分析可以得出：当顺风时，由于风速的影响，使得前行桨叶相对气流的速度"减小"，而后退桨叶相对气流的速度"增加"，整个主旋翼的挥舞量降低，不平衡度也降低，因此横向振动值和垂直振动值呈现减小的趋势；而逆风时，由于风速的影响，使得前行桨叶相对气流的速度"增加"，而后退桨叶相对气流的速度"减小"，整个主旋翼的挥舞量增加，不平衡度也大大增加，因此横向振动值和垂直振动值也呈现激增的趋势。

通过本次验证飞行我们可以得出以下结论：风速特别是较大的逆风条件下，将对直升机主旋翼动平衡产生很大的影响。此时，可采取增大桨叶安装角以提高地面大车扭矩的方法，增强主旋翼系统的抗风性。

第 11 章　老龄直升机传动系统检查

11.1　概　述

直升机传动系统被视为直升机三大关键动部件之一，其主要功用是将动力装置的扭转力矩（功率和转速）按一定比例传递给主旋翼系统、尾桨系统以及各附件。

一般来讲，直升机的传动系统包括主旋翼主轴、主减速器、主传动轴、发动机自由轴、尾桨传动轴、中间减速器、斜传动轴、尾减速器、尾减速器输出轴，直升机传动系统的总体配置和布局如图 11.1 所示。传动系统与发动机同等重要，其性能和可靠性直接影响直升机的飞行安全性和可靠性。

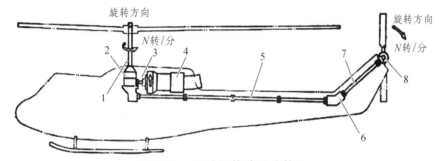

图 11.1　直升机传动系统简图

1—主旋翼主轴；2—主减速器；3—主传动轴；4—发动机自由轴；5—尾传动轴；
6—中间减速器；7—斜传动轴；8—尾减速器

通常，就中小型直升机而言，由于不需要较大功率驱动，尾减速器能够承受发动机齿轮箱的功率输出，不需要中间减速器进行转速衰减过渡，同时，中小型直升机的基本构型也不需要将尾桨机构放置于较高位置。因此，在中大型直升机上一般都配置有中间减速器和斜传动轴，而在中小型直升机上则没有配置中间减速器和斜传动轴。

发动机自由轴，也称自由轮或单行离合器，将在发动机章节里进行描述和说明。

传动系统就必然要涉及转动方向，如主旋翼主轴转动方向标识以及尾减速器转动方向标识。这里需要说明的是，就目前全世界的主流直升机来说，美洲或北美的直升机与欧洲直升机（简称欧直）主旋翼（尾桨）的旋转方向是相反的，一个是顺时针旋转，一个是逆时针旋转。因此，这里的旋转方向仅仅是一个标识而已，并非统一性地代表直升机主旋翼和尾桨的旋转方向。

主旋翼与尾桨的转速各机型有差异，这里用 N（转/分钟）表示。

11.2　主旋翼主轴

主旋翼主轴（以下简称主轴）下端安装在主减速器上，上端与主旋翼桨毂总成相连接，一般位于直升机的重心位置处，与主减速器中轴线重叠。主要用途一是承载来自主减速器的扭矩并将此扭矩传递至主旋翼桨毂总成，以使主旋翼转动做功；二是支撑主旋翼系统并使主旋翼旋转锥体与直升机机身结构之间有一个可接受的安全距离；三是克服直升机的重力并承受主旋翼系统产生的拉伸载荷以及主旋翼的扭转力矩；四是安装旋转倾斜盘或称旋转变距机构（以下简称斜盘）。

通用航空直升机的主轴一般有两种形式，一种是单体的主轴，轴体转动可见，无任何外部防护装置，如图 11.2（a）所示。另外一种是嵌入式，即主轴插在防护轴内部，轴体转动不可见，如图 11.2（b）所示。

（a）单体式主轴　　　　　　　　　　　　（b）嵌入式主轴

图 11.2　直升机主旋翼传动系统

1—变距拉杆；2—主轴；3—斜盘　　　　　　　　1—主轴防护轴；2—变距拉杆
（主轴转动可见，外部无遮盖装置）　　　　　（主轴不可见，有外部防护轴装置）

11.2.1　检查区域与部件

直升机主旋翼主轴的检查区域主要有：主轴外表面区域、主轴内表面区域、主轴与主减速器连接件、斜盘总成安装部件以及主轴螺帽等。

11.2.2　维护检查内容与要求

1. 主轴外表面区域

主轴外表面一般喷涂有铬酸锌防护底漆，在此基础上再喷涂环氧树脂色漆和清漆。对主轴外表面，主要检查主轴是否遭遇到外力机械性损伤、疲劳损伤以及腐蚀损伤。机械性损伤表现有主轴裂纹、变形、凹坑、划痕等，轻微的损伤可能会出现防护漆层剥落。这类裂纹、变形以及凹坑损伤是不可接受的。刻痕在修理限制范围内的，可进行表面修理并重新喷涂防护漆层，对于防护漆层剥落，只要检查无机械性损伤、疲劳损伤以及腐蚀损伤即可重新喷涂防护漆层。

疲劳损伤表现主要有主轴（这里以主轴为例）裂纹和变形等，与遭受外力所致的裂纹损伤、变形在裂纹断口及其附近区域存在差异，即，主轴长期使用后，可能会出现局部区域的应力集中，这是产生疲劳裂纹核心的策源地，在交变应力作用下继续扩展，常常留下一条条同心弧线，称之为前缘线（疲劳线），这类弧线形成了像"贝壳"一般的图案，也称之为贝纹区。同时，断口表面因反复挤压、摩擦，导致断口区域表面非常光亮。疲劳性裂纹在发展后期，不仅仅是出现裂纹，一般会在疲劳区域形成一定规模的断裂区。因此，在检查裂纹以及变形损伤时，一定要注意对裂纹的识别以及附近区域的检查，必要时使用明亮光源和放大镜，以判明属于机械性损伤还是疲劳性损伤。如果属于疲劳性损伤，则需要对同类机型的机队进行检查排除，以杜绝安全隐患。

腐蚀损伤在主轴表面的表象一般为鼓泡或呈线状连续凸起，继续发展时会出现防护漆层剥落且裸露面有腐蚀痕迹。在漆层表面的鼓泡一般为点状腐蚀的征兆，呈线状连续凸起一般为丝状腐蚀的征兆。出现这类情形时，一般是去除鼓泡或线状连续凸起，检查表面的腐蚀情况，在修理限制范围内，本着有腐必除、除腐必净的原则，彻底清除腐蚀，并重新喷涂防护底漆、色漆以及清漆。

主轴一般设定有翻修间隔周期，尤其是老龄直升机，主轴的翻修次数较多，漆层在主轴表面的附着力会逐渐降低，漆层剥落的概率会大大增加，遭受腐蚀的概率也会增加。因此，需要特别注意检查那些经过多次翻修的主轴表面的漆层情况。

2. 主轴内表面区域

主轴内表面一般不要求喷涂任何防护底漆，主要是防止底漆剥落后直接掉入主减速器机匣内部并进入主减速器的滑油系统。如果喷涂有防护底漆，一般是经过特殊处理的。对于主轴内表面检查，主要检查其表面是否遭受腐蚀损伤，是否出现内表面的腐蚀性裂纹、金属层间剥落、凹坑、点状腐蚀、斑状腐蚀等。这类检查需要拆卸主轴螺帽或主轴顶部堵塞物，使用安全光源进行目视检查或使用内窥镜检查。

案例：使用安全光源检查某直升机主轴，在主轴内表面发现有腐蚀（怀疑锈蚀）痕迹，但无法确认。工程技术部门建议使用内窥镜设备。在使用内窥镜设备检查后，该"锈蚀"痕迹最终被确认为油脂附着，如图 11.3 所示。因此，对于不可接近区域的检查，尤其是重要的区域或部位，除了使用安全光源外，建议使用较高级别的检查设备，如内窥镜等。

图 11.3　主轴内表面油脂附着区域内窥镜成像

图 11.3 是使用内窥镜对主轴内表面的油脂附着区域进行检查的示意图。图中非常清晰、完整地反映出油脂物质、油脂浸润边界以及主轴内表面裸露的金属面。

主轴内表面的腐蚀性裂纹、金属层间剥落、凹坑、点状腐蚀、斑状腐蚀等，都是不可接受的，必须拆卸送修或做报废处理。

3. 主轴与主减速器连接件

主轴与主减速器的安装连接件主要有上盖组件、螺桩以及螺帽。其中上盖位于主轴轴体上，与主轴轴承一并构成上盖组件；螺桩系于主减速器顶部结构。主轴与主减速器安装如图 11.4 所示。在维护或定检维修时，需要检查以下内容：

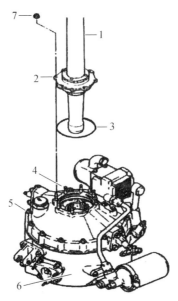

图 11.4　Bell206BIII 主轴在主减速器上的安装

1—主轴；2—上盖组件；3—封严胶圈；4—安装螺桩；5—上机匣螺帽；6—主减速器；7—安装螺帽

（1）上盖组件有无裂纹损伤和腐蚀损伤。上盖组件任何部位的裂纹损伤都是不可接受的。这个部位的腐蚀一般为点状腐蚀或斑状腐蚀，如果出现这类腐蚀，需要尽可能早地拆卸主轴（连同上盖组件）进行离位处置。这类腐蚀发生在铝合金部件上，如果不及时有效处置，最后一般都将导致晶界腐蚀。同时，这个部位的腐蚀，不仅仅是对自身部件的影响，生成的腐蚀物质会直接掉入主减速器中，进入滑油系统，造成滑油系统污染，影响主减速器正常工作。

在上盖组件的内部，有主轴轴承，这个轴承在机载状态下无法从外部进行检查，因此，在任何时候、以任何理由拆卸/安装主轴时，都需要对主轴轴承进行检查，是否有轴承转动的卡阻或阻滞、润滑是否良好、转动间隙是否正常等。某些机型在这个轴承壳体内腔安装有滑油金属屑探测器，以便对该轴承的磨损情况加以监控。

（2）安装螺帽是否出现松动和/或缺失。维护中需要注意这些安装螺帽的标记，应该处于完整、准直状态。对于该安装螺帽的缺失是不可接受的，如果缺失，需要查明原因，在安装好螺帽时，还需要对其他的螺帽群组进行力矩检查，并最后涂抹力矩标记。

（3）安装螺桩是否出现松动/或缺失或裂纹。螺桩系于主减速器顶部结构，维护中对螺帽的检查，也可以判断出螺桩是否出现松动和/或断裂。如果螺帽连同螺桩头一并可以转动，则该螺桩已经断裂或松动，这种情形一定要加以重视，尤其是对主减速器翻修返回时，一定要注意检查顶部的螺桩，任何螺桩的裂纹、变形和损伤都是不可接受的。另外，在检查时，如果出现螺桩附近区域的滑油痕迹，要考虑封严胶圈失效因素。在更换该胶圈过程以及在任何时候、以任何理由进行主轴的拆卸/安装时，都需要对上盖组件、安装螺帽以及安装螺桩进行检查。

某些机型没有主轴与主减速器安装的连接件，如图 11.2 所示，主轴实际上是一根驱动轴，插入主轴防护轴里面，再与主减速器传动齿轮系连接，外部防护轴的安装座与主减速器顶部机匣基座连接，因此，对于这类构型，还需要对防护轴与主减速器的连接安装座进行检查，包括连接螺桩、安装螺帽。

11.3　主减速器

主减速器（以下简称主减）位于直升机重心处，中轴线与主轴中轴线相互重叠。主要用来将发动机功率传递给主旋翼的主轴，降低发动机输出转速，增大输出扭矩，并改变传动方向。主减一般安装在顶部甲板的支撑架上，某些直升机主减是安装在机身结构框架上。主减后端传动装置与发动机功率输出轴相连接，以接收发动机的功率。主减的齿轮系与上部的主轴安装座支撑整个主轴和主旋翼总成。主减一般由机匣壳体、安装接耳、环形齿轮系（也称游星齿轮系）、恒星齿轮（也称太阳齿轮）以及中央小齿轮盘等构成，另外还有一些探测、散热以及防护装置。这里着重对一些老龄化部附件和遭遇过损伤的案例进行说明。

11.3.1　检查区域与部件

直升机主旋翼减速器检查区域与部件主要包括：机匣壳体（包括上部机匣和下部机匣）、安装接耳、恒星齿轮（也称太阳齿轮）、滑油滤、散热器、金属屑探测器、滑油压力调节器、加油口盖以及冲击载荷指示装置等，如图 11.5 所示。

图 11.5　Bell206BIII 主减速器

1—主减速器；2—安装接耳；3—滑油滤；4—滑油散热器；5—滑油压力调节器；
6—安装支架；7—上、下机匣组装螺帽

11.3.2　维护检查内容与要求

1. 机匣壳体

机匣壳体主要由上部机匣、下部机匣构成。下部机匣一般为镁合金材质，上部机匣一般为铝合金材质。检查整个机匣壳体应无机械损伤、疲劳损伤以及腐蚀损伤，防护涂层完好。上部与下部机匣的连接螺桩和螺帽连接正常，无松动和缺失，标记完整、完好。这些螺桩与螺帽需要特别注意，在完成主减恒星齿轮的检查或更换时，或在任何时候以任何理由拆卸/安装上部机匣时，都需要拆卸这些螺帽，在安装好这些螺帽后，在使用 100 h 以内，重新对这些螺帽进行力矩值检查，这类检查称之为主减延时特殊检查项目。这种延时特殊检查项目在维修工作中，很容易被疏忽遗漏。另外，主减壳体以及附件安装区域渗漏情况也应该引起重视。

案例：一台主减翻修返回后机载使用，机载使用不到 10 h，主减与功率输入轴（主传动轴）连接部位出现滑油渗漏。经检查确认为该连接部位的封严件（位于主减机匣上）损伤造成滑油渗流。

这种渗漏可能的情形有二，一是翻修时封严件安装不当，造成封严件损坏；二是主减封严件安装面变形导致封严件变形损坏。因此，对于老龄化部附件或翻修次数增多的部附件，在机载使用时，一定要注意渗漏情况的检查。

2. 安装接耳

主减系翻修件，但机匣壳体一般没有更换，属于长时间使用的老龄部件，应特别注意安装接耳及其附近区域的疲劳裂纹、变形，如果出现数条弧线状纹路，可判断为疲劳裂纹。接耳的裂纹、变形损伤不可接受，应进行更换。

3. 恒星齿轮（太阳齿轮）

恒星齿轮系在航线维护以及动力装置、机体的定期检查中没有涉及，只有在主减进行定期检查工作时涉及恒星齿轮系的检查项目。鉴于近些年恒星齿轮在检查过程中所发现的磨损问题，这里特别将该项目列出。恒星齿轮位于主减内部（图 11.5 中未标识），与主轴套齿以及齿轮进行连接。以 Bell206BIII 型直升机为例，维护手册规定的检查周期为 1 500 h，检查方式为视情检查。随着直升机使用时间的增加以及主减翻修次数的增加，恒星齿轮在每 1 500 h 视情检查中问题开始显现，主要是恒星齿轮的齿轮系磨损接近磨损限制或磨损超标，与直升机投入使用初期与中期时的磨损相比较，出现磨损加剧的趋势。尤其是对那些磨损接近限值的恒星齿轮，如果这次不予更换，再继续使用并在抵达下一个检查周期前，肯定会出现磨损超标的隐患。因此，出于对老龄直升机运行安全方面的考量，在对恒星齿轮进行视情检查时，直接更换恒星齿轮。这里需要注意的是，在完成恒星齿轮的检查与更换后投入使用 100 h 内，需要完成主减延时特殊检查项目。

4. 滑油滤

主减滑油滤滤芯为皱褶纸质滤芯，随定检更换。定期检查时需要注意检查纸质滤芯的杂质、积碳以及金属屑残留情况。对于这类纸质滤芯，每次检查都需要彻底展开皱褶，除检查杂质及积碳外，如果有必要，还需要使用磁铁检查，以判明主减滑油是否遭受污染和/或金属屑污染。检查滑油污染最直接的方式是观察滑油的颜色，可依照维护手册要求进行颜色分析和判断。滑油滤外壳体属铝质材料，外表所使用防护涂层与主减的防护涂层一样，也需要检查其完整性和完好性。同时，检查机械损伤和腐蚀损伤，特别需要注意的是外壳体与安装底座连接的接耳，不得出现裂纹、变形损伤以及腐蚀损伤。此处接耳的腐蚀一般为点状或斑状腐蚀。

5. 滑油散热器

主减滑油散热器冷却空气来自机身后部的位于尾桨传动轴处的冷却风扇，某些型号的直升机没有专门设置主减滑油散热器，是将鼓风轮的空气流通过导管进行吹除散热和/或通过导管进行冲压空气散热。一般来讲，主减滑油散热器及其支架都没有更换时限，也属于老龄部件。近年来，随着使用时间的增加，滑油散热器的性能有所衰减，尤其是进入夏季，直接的表现形式就是时常发生的主减滑油温度偏高，尽管影响主减滑油温度的因素有很多，但散热器对温度的影响是最直接的，也是滑油温度高这类因素中占比最大的。因此，对这类风冷式散热器的维护检查首先是使用 C-304 溶剂（替代品为无铅汽油）清洁外部，尤其是蜂窝隔层表面不得留存油污、灰尘，保持流道畅通，以消除其对风冷效果的影响。然后使用清洁压缩空气进行外部吹除清洗。必要时，使用清洗设备对散热器内部进行清洗。

除清洁外，还需要检查散热器蜂窝隔层的结构，是否出现裂纹、变形等损伤。裂纹损伤导致流经散热器的滑油量减少，单位时间内经过散热器后的滑油流量降低，影响散热效果。另外，出现裂纹后，渗漏的滑油或滑油蒸气吸附在蜂窝隔层表面或散热器表面，降低了风冷散热效果。对于出现裂纹的散热器是不可接受的，必须及时更换；对于遭受污染的散热器是不可接受的，在更换后，还需要对滑油导管、接头等整个滑油散热器系统进行清洁和吹洗，以除去可能残留在系统中的污染物。对于出现变形（没有裂纹）的散热器，这里主要指蜂窝隔层，没有定性和定量指标，根据实际维护实践经验，蜂窝隔层小面积的轻微变形都是可以接受的，但是只要在这种情况下再发生了滑油温度偏高，该散热器需要立即更换。

滑油散热器支架裂纹以及冷却空气导管破损，是不可接受的，应该及时更换。这类支架裂纹和导管破损，在平常维护工作中会经常遇见。因此，维护检查要求是及时发现，及时更换。

6. 金属屑探测器

金属屑探测器用于检测主减齿轮系啮合转动过程中可能出现的磨损情况，收集并显示磨损后出现的金属屑，一般安装在主减底部、上部和滑油滤底座头部。随着直升机老龄化以及主减翻修次数增多，主减金属屑警告发生频率逐渐呈上升趋势，因此必须引起足够的重视。在发生金属屑警告后，需要及时（热状态）排放出主减机匣滑油并过滤滑油，检查金属屑情况。同时，拆卸所有金属屑探头检查金属屑情况。收集过滤滑油中的和金属屑探头上的金属屑，判明金属屑种类、几何尺寸以及形状。对于所有的金属屑探头，长时间随机使用，也属于老龄化部件，因此，在任何时候、以任何理由拆卸时都需要使用铁质金属物测试，以确认探头保持磁性的特性。不得用敲击、震动的方法去除探头上吸附的金属屑，以防止磁性衰减和/或消除。

7. 滑油压力调节器

滑油温度传感器这里不再赘述。主减滑油压力（滑油泵出口压力）调节器在主减翻修时已经调试完成，外场维护一般情况下不会去主动调节。但随着直升机老龄化或主减翻修次数增加，因滑油压力降低的原因导致主动性调节滑油压力的频率有所增加。一般来讲，如果发生主减滑油压力降低的情况，只要不超越维护手册规定的下限值都不要去主动调节。一旦发生超越下限值情况，首先应该考虑的是滑油温度是否过高以及滑油量是否过低或过高。滑油温度过高，滑油密度降低，流经滑油泵出口截面处的流量和密度减小，实际产生的侧压力降低，滑油滤压力传感器感受的压力降低；滑油量过低或过高，产生的滑油泡沫增加，同理，滑油密度降低，流经滑油泵出口截面处的流量和密度减小，实际侧压力降低，滑油滤压力传感器感受的压力降低。如果排除上述影响因素，就要考虑安装在主减机匣内部的主减滑油泵性能衰减情况，最典型的性能衰减是滑油泵内漏。如果对滑油压力调节器进行调节后（依照手册规定的调节量），效果不明显或使用一段时间后再次出现滑油压力低的情况，则无须调节，直接送修主减。对于滑油压力高这一情况，一般较少发生。如果出现这类问题，一般需要检查滑油温度是否过低、是否全系统更换过滑油以及滑油泵出口方向的压力导管流通不畅等。所以，对于老龄化直升机或部附件或翻修次数增多的部附件，需要加大检查力度，及时发现问题并对所出现的问题综合考虑和研判。

8. 加油口盖

加油口盖结构简单、使用方便。但是往往简单的事物最容易忽视和遗漏。这里主要有两点需要引起注意：一是加油口盖内的封严胶圈，使用周期过长，非常容易出现磨损、变形，应该注意及时更换。二是加油口盖与口盖座的卡销，随着直升机老龄化出现卡销磨损，卡销磨损后，即或胶圈正常，也会出现加油口盖与口盖座的间隙过大，造成加油口盖盖不严实，封严不良。

另外，对主减滑油量指示器，除了需要注意检查指示器是否出现裂纹、变形外，还应该注意指示器的指示标记（或刻度）。因为随着使用时间的增加，指示标记（或刻度）会出现退化、缺失或标记模糊等情形。因此，如果指示器出现裂纹、变形以及标记（或刻度）退化、缺失或模糊等，应该及时更换油量指示器。

9. 冲击载荷指示装置

当主减遭受的冲击载荷过大时，冲击载荷指示装置的止挡锥会与机体部位的主减限动减震胶弹体发生碰撞而止动，从而终止主减位移。此时，在止挡锥的显示漆层的表面出现碰撞痕迹或漆层脱落。随着主减使用时间增加，止挡锥的显示漆层逐渐脱落，失去检查参照或无法检查/断定主减是否遭受过冲击载荷。因此，在维护中应该注意检查止挡锥的显示漆层情况，及时补漆。

11.4 功率输入装置

功率输入装置是连接发动机与主减的传动装置，用于将发动机的功率传递给主减。其通用结构一般为功率输入轴，是由一根钢质主传动轴和两个联轴节构成。某些型号的直升机，如施瓦泽269C/C-1，发动机与主减之间的功率传递是通过皮带轮组件完成的，包括下部皮带轮、上部皮带轮、中介皮带轮、皮带组、中介皮带轮操纵机构等，其结果也是将发动机的功率传递给主减。一般来说，直升机主减与发动机之间的功率传输基本有两种形式，一是功率输入轴，二是皮带轮组件。

11.4.1 功率输入轴

功率输入轴由钢质传动轴、外联轴节、内联轴节、支撑弹簧、堵盖等组成。前端联轴节与主减连接，后端联轴节与发动机功率输出前端（或单向离合器前输出端）连接，两个联轴节通过钢质传动轴组合在一起，形成功率输入轴。联轴节为一浮动轴系，轴向没有定位，这样，一方面通过内外联轴节的相对轴向位移补偿主减速器的线性位移变化，另一方面，通过内外联轴节齿轮之间的间隙配合补偿主减速器的角位移变化。也正是由于线性位移变化和角位移变化的特点，联轴节在高速转动过程中，外联轴节的内套齿与内联轴节的齿轮系的啮合面相互摩擦产生热量，因此需要在联轴节内部加注高温润滑油脂，同时，为了便于观察到联轴节内部温度情况，在外联轴节的外表面粘贴有超温指示片。

当联轴节运行异常或受到化学污染时，感温指示片会部分或全部变成黑色。这种利用感温指示片的变色判断联轴节运行情况的方法简单有效、直观，便于在航线维护中或定检维护中及时发现联轴节的工作状态。功率输入轴如图11.6所示。

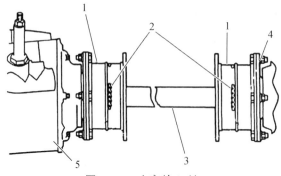

图 11.6　功率输入轴

1—外联轴节；2—超温指示片；3—钢质传动轴；4—连接螺杆/螺帽；5—主减

功率输入轴无使用时限，随直升机引进时机载，属于老龄部件。其部件包括联轴节、钢质传动轴、支撑弹簧、齿轮系以及螺杆、螺帽等，均为视情维修件。

1. 检查区域与部件

功率输入装置的航线维护部件/内容：外联轴节、超温指示片、连接螺杆/螺帽；润滑油脂渗漏；功率输入装置的定期维护：除上述部件/内容外，内联轴节、支撑弹簧、钢质传动轴。

2. 维护检查内容与要求

（1）在航线维护时，需要注意检查以下几点：

① 超温指示片粘贴松脱、翘起或缺失。更换超温指示片，并粘贴牢靠。

② 联轴节外部的镉涂层出现变色（周围棕黄色或棕色条纹）或鼓泡。

③ 超温指示片变为黑色或黑褐色。

如果出现第②和/或第③种情况，应分解功率输入轴联轴节，查明原因，更换高温润滑油脂，如果有必要应更换外联轴节。有必要对主减支架、发动机支架进行检查，以确认功率输入轴的安装处于准直状态。

④ 联轴节周围出现大量润滑油脂溢出。分解功率输入轴联轴节，查明原因，更换高温润滑油脂。

⑤ 连接螺杆/螺帽松动或标记漆错位。重新按力矩拧紧螺杆/螺帽，并做好标记漆。在下一次航线检查时注意再次检查该螺杆/螺帽。

（2）在定期维护时，需要注意检查以下几点：

① 外联轴节套齿和内联轴节齿轮系的接触区域变色，呈现棕色或蓝色。查明原因，更换功率输入轴。有必要对主减支架、发动机支架进行检查，以确认功率输入轴的安装处于准直状态。

② 支撑弹簧锈蚀或断裂。轻微锈蚀，弹簧除锈。严重锈蚀或裂纹/断裂，更换支撑弹簧。对于已安装的或没有更换的弹簧，每次检查时需要进行弹簧功能性检查。

③ 橡胶防尘罩老化、破损。更换橡胶防尘罩。

④ 高温润滑油脂变色或发出刺激性气味。查明原因，更换高温润滑油脂，如有必要，更换外联轴节。

案例：航线维护中，发现功率输入轴外联轴节旋转面周围区域出现大量的润滑油脂，呈明显的外甩抛洒情形。直升机立即停场，分解功率输入轴。经检查发现外联轴节内部的支撑弹簧已经断裂成数段，在高速转动过程中，在离心力作用下，有几段断裂的弹簧节段刺破橡胶防尘罩，而被刺破的橡胶防尘罩在离心力作用下破口不断被撕裂，导致里面的高温润滑油脂被甩出。

这是一个非常典型的因弹簧老化、锈蚀而导致的部件损伤，同时该弹簧属于视情件，已装机使用多年。其可能原因有以下两个方面：

（1）由于上一次或前几次的检查中，疏忽了对该弹簧的检查，尤其是遭遇锈蚀后，没有被检查发现。

（2）弹簧疲劳型损伤，导致突发性断裂。

无论是出于何种原因，都需要对老龄部/附件进行有针对性的检查。鉴于此，在以后对功率输入轴定期维护检查中，增加了对该弹簧的功能性检查和测试内容，包括弹簧的压缩量检查、拉伸量检查以及锈蚀情况的检查等。

11.4.2　皮带轮组件

皮带轮组件由上部皮带轮、下部皮带轮、中介皮带轮、H 形构架梁、梯形皮带组以及中介皮带轮操纵机构、操纵钢索等组成。上、下部皮带轮和中介皮带轮都安装在 H 形构架梁上。下部皮带轮与发动机功率输出轴连接，上部皮带轮与主减功率输入轴连接。中介皮带轮介于上下部皮带轮之间，发动机停车或非耦合状态下，中介皮带轮处于非工作位置。起动发动机，发动机功率输出轴带动下部皮带轮转动，但皮带组处于松弛状态，上部皮带轮不转动。通过操纵机构及其钢索，操纵中介皮带轮向外侧位移，即中介皮带轮绕其支架的枢轴做角位移，逐渐绷紧皮带组，皮带组与上下部皮带轮的摩擦力增加，在此过程中，下部皮带轮依靠发动机功率输出和摩擦力带动上部皮带轮转动，逐渐将发动机的功率通过皮带组传递至上部皮带轮，再由上部皮带轮转动主减功率输入轴将发动机功率传递给主减，如图 11.7 所示。

图 11.7　皮带轮组件（松弛状态）

1—上部皮带轮；2—H 形构架梁；3—梯形皮带组 4—发动机功率输出轴；5—下部皮带轮；
6—中介皮带轮；7—中介皮带轮操纵机构及钢索；8—下部皮带轮支架接耳

1. 检查区域与部件

皮带轮（上部、下部、中介）、皮带组、H 形构架梁、发动机功率输出轴、中介皮带轮枢轴、中介皮带轮操纵机构及钢索、下部皮带轮支架接耳。

2. 维护检查内容与要求

1）皮带轮

检查上部、下部皮带轮和中介皮带轮，防护漆层应完整、完好，无裂纹、变形以及腐蚀损伤。这里的腐蚀一般为点状腐蚀或丝状腐蚀。皮带轮的导向沟槽应无过度磨损，这里的导向沟槽是一个非常特殊的区域，既需要在导向沟槽与皮带组之间增加摩擦力实现功率传递，又要检查并防止导向沟槽出现过度磨损损伤，并且这类磨损属于复合型磨损，即摩擦力引起的磨损与振动磨损的叠加。因此，对于导向沟槽区域的磨损检查，需要仔细和彻底，围绕皮带轮至少一周（360°）全面检查。

2）皮带组

对皮带组中的每一根皮带进行检查，主要是皮带有无裂纹、断裂、变形、龟裂，初期表现一般为老化变形、粘连等。皮带或皮带组表面，不允许有杂质、油渍附着；杂质容易导致磨损加剧，过早损伤皮带及皮带轮；油渍会引起皮带与导向沟槽之间的摩擦力衰减，影响皮带轮效率。上述任何形式的损伤都是不可接受的。皮带的更换，不能单独更换，必须成组更换，即，如果有一根皮带需要更换，则更换全部皮带组。

3）H 形构架梁

H 形构架梁也称皮带轮支撑架，铝合金材质，防护漆层涂盖。检查 H 形构架梁，应无裂纹、扭曲、变形，这类损伤任何一种表现都是不可接受的。机械性刻痕、凹坑损伤等，在修理限制内可以接受。表面防护漆层，应无鼓泡、线状连续凸起、脱落。如果有鼓泡或线状连续凸起，需要仔细检查，必要时，去除漆层，检查有无遭受腐蚀，这类表现一般为点状腐蚀或丝状腐蚀的征兆。H 形构架梁上的轴承卡箍接耳以及连接螺杆、螺帽也需要仔细检查，确认有无损伤、松动。

4）发动机功率输出轴

发动机功率输出轴外套筒应无裂纹、变形等机械性损伤；堵盖螺帽应无松动，保险丝固定、连接良好。

5）中介皮带轮支架枢轴

中介皮带轮支架枢轴固定螺杆、螺帽应无松动或缺失，枢轴摇臂应无裂纹、扭曲、变形等机械性损伤；与操纵机构的连接可靠。

6）中介皮带轮操纵机构及钢索

中介皮带轮操纵机构包括支架、弹簧、电传式线性作动筒、接耳、钢索以及钢索定向滑轮组件。支架、弹簧、接耳应无裂纹，钢索无断丝、扭曲。钢索定向滑轮组件应完好无缺陷。电传式线性作动筒的线性行程正常。

案例：钢索定向滑轮组件，发生过一起支架断裂故障，断裂后，定向滑轮发生偏转位移，牵引其定向槽内的钢索偏转位移。如果钢索偏转位移过大或钢索失效，将直接导致中介皮带轮失效，从而引发上部皮带轮失去功率传递功能，即，发动机功率正常，但主减以及主旋尾桨功率丢失，如图 11.8 所示。

图 11.8　钢索定向滑轮支架断裂
1—滑轮支架；2—钢索；3—滑轮；4—断裂区域示意

钢索定向滑轮组件系随机引进机载的老龄部件，应特别注意检查。

7）下部皮带轮支架接耳

检查下部皮带轮支架，尤其是接耳处，有无裂纹、扭曲、变形，连接螺杆、螺帽有无松动或缺失。

案例：皮带轮组件出现抖动，检查发现下部皮带轮支架接耳出现断裂，经过全面检查，螺帽安装在位良好，支架无裂纹、变形损伤。下部皮带轮支架属于随机引进机载的老龄部件，接耳出现的断裂应属于疲劳性裂纹损伤。对于这类老龄部附件，除了一般性检查外，还需要有针对性地进行部附件检查和相关区域的检查。

11.5　尾传动轴

尾传动轴用于将发动机功率传递至尾桨齿轮箱，并由尾桨齿轮箱传递至尾桨做功。尾传动装置一般有 3 种类别。① 节段式传动轴；② 长轴式传动轴；③ 气动传输式（如涵道式尾桨）。此处仅对节段式传动轴和长轴式传动轴进行说明。

11.5.1 节段式传动轴

节段式传动轴由钢质传动短轴、铝合金节段轴、托马斯盘、悬挂轴承及支架构成。钢质传动短轴以及铝合金节段轴的两端都有连接套齿，各轴又通过连接套齿接头与托马斯盘连接，连成一根完整的传动轴。在各轴端头部配置有悬挂轴承，悬挂轴承安装在轴承支架内。整个传动轴既要有一定限度的线位移，又要有一定限度的角位移，这一特性，保证了整个转动轴能够吸收或衰减尾梁的振动和交变载荷，从而保证了传动轴在高速转动时的衡态准直性，如图 11.9 所示。

图 11.9 尾传动轴布局
1—钢质短轴；2—铝合金节段轴；3—悬挂轴承；4—轴承支架；5—托马斯盘

1. 检查区域与部件

尾传动轴主要包括：钢质短轴、铝合金节段轴、托马斯盘及套齿接头、悬挂轴承及轴承支架、连接螺杆、螺帽以及垫片、过载销等。

2. 维护检查内容与要求

1）钢质短轴

从交变载荷层面考虑，发动机输出端节段和散热器鼓风轮节段，所承受的交变载荷较大。因此，这两个节段轴采用钢质传动短轴。应检查轴体有无裂纹、扭曲、变形、刻痕以及腐蚀损伤。任何裂纹、扭曲、变形不可接受。对于刻痕损伤，如果在修理限值以内，则继续修理，否则更换。钢质轴体的腐蚀损伤，一般表现为轻微锈蚀，应及时处理，否则锈蚀加剧后，形成的杂质就会和金属形成化学原电池，从而导致电化学腐蚀。一般来说，如果发生电化学腐蚀，该传动轴不可修理。另外，对于安装有散热鼓风轮的钢质短轴，还需要检查鼓风轮支架，是否出现裂纹、扭曲、变形以及腐蚀。此处任何裂纹、扭曲和变形都是不可接受的。腐蚀损伤与轴体腐蚀损伤处置相同。

2）铝合金节段轴

铝合金节段轴的任何裂纹、扭曲、变形损伤不可接受。刻痕损伤在修理限制内可进行修理，否则更换。在各铝合金节段轴的表面涂抹了一层环氧树脂清漆（或等同的防护漆层），检查漆层有无脱落、鼓泡或线状连续凸起。鼓泡或线状连续凸起一般为点状腐蚀或丝状腐蚀的征兆，需要引起关注。铝合金节段轴在引进时就机载使用，属于老龄部件，因此，会出现防护漆层不同程度的脱落。对于防护漆层的脱落区域，应仔细检查是否出现腐蚀损伤，在铝合金表面有点（坑）状或连续丝状痕迹出现则更换。漆层脱落区域在确认符合要求后，应尽快重新涂抹防护漆层。

3）托马斯盘及套齿接头

在传动轴钢质短轴两端、鼓风轮短轴两端以及铝合金节段轴最后一节段的后端，连接有套齿接头，此套齿接头与托马斯盘组合使用，如图 11.10 所示。

图 11.10 传动轴套齿接头组件
1—传动轴套齿接头；2—齿轮轴；3—托马斯盘；4—轴向线位移

检查套齿接头有无裂纹、刻痕或撞击凹坑。裂纹损伤不可接受；刻痕或撞击凹坑在修理限值范围内则可接受，修理后可继续使用。齿轮轴的齿系应无裂纹或缺损，润滑应良好。齿轮系的裂纹或缺失不可接受。托马斯盘无扭曲、变形，外侧两片托马斯片应无裂纹或腐蚀损伤，裂纹损伤和腐蚀损伤均不可接受。任意一片托马斯片出现不可接受的损伤，都必须更换整个托马斯盘。托马斯盘由托马斯片相互错 90°角叠加组装，具有一定的刚度，又具有一定的柔度。在遭遇交变载荷时，其柔度能使托马斯盘发生轻微变形，使传动轴产生角位移，以衰减或缓冲交变载荷。套齿接头在齿轮轴上可沿齿轮轴的轴向滑移即线位移（图 11.10 中的 4 为线位移的一部分行程），这个线位移在航线维护以及定检维护时，可使用外力进行轴向滑移，应无阻滞和卡阻。连接固定螺帽无松动或缺失，力矩标记无错位。

所有托马斯盘与套齿接头的连接螺帽，都有延时特殊检查要求，即在安装使用后一段规定的时间内，重复检查螺帽的安装力矩值。

案例：在数次的直升机短停、航后检查过程中，数次发现托马斯盘与套齿接头的连接螺帽出现螺帽松动的情况。出现螺帽松动的位置一般都在连接发动机功率输出端的这一钢质传动轴节段，并且是在第一个套齿接头处。所以，一方面说明靠近发动机功率输出端的传动轴节段所承受的交变载荷较大，另一方面说明，所有托马斯盘的安装螺帽延时特殊检查（力矩值检查）是非常有必要的。

4）悬挂轴承及轴承支架

在各节段轴的连接部位都安装有悬挂轴承与支架组合，保证传动轴正常转动并作为整个传动轴的支撑点。悬挂轴承及其支架都是老龄部附件。检查悬挂轴承以及卡箍，有无裂纹、扭曲、变形，这类损伤不可接受。支架安装牢靠且无裂纹和变形；安装螺帽无松动或缺失，力矩标记线应完好。悬挂轴承安装在支架内，并且必须要有一定间隙。这个间隙就是悬挂轴承连同传动轴的线位移行程。因此，支架上出现的任何裂纹、变形都是不可接受的，这类变形将影响悬挂轴承连同传动轴的线位移行程，如图 11.11 所示。

图 11.11　悬挂轴承及其支架
1—悬挂轴承；2—轴承支架；3—安装螺帽；4—线位移行程；5—铝合金节段轴

5）连接螺杆、螺帽以及垫片

在整个尾传动轴系统中，托马斯盘与套齿接头、悬挂轴承与支架安装有许多螺杆、螺帽以及垫片。应检查螺杆、螺帽以及垫片有无松动、缺失，螺帽的力矩标记线完好，无错位。在安装托马斯盘垫片时，应注意垫片的倒角边一侧靠在托马斯盘一侧，以避免划伤托马斯盘。这里要再次强调的是，所有托马斯盘与套齿接头的连接螺帽，都有延时特殊检查要求，即在安装使用的一段规定的时间内，需重复检查螺帽的安装力矩值。

6）过载销

过载销安装在钢质短轴后面的第一根铝合金节段轴上。在所有的铝合金节段轴中，第一根铝合金节段轴所承受的交变载荷最大，最能表现出铝合金节段轴在遭受交变载荷时发生的扭曲或变形。检查过载销，应在该节段轴孔径内转动自如。如果出现卡阻或阻滞，则表明整个尾传动轴遭遇过载，尤其是所有铝合金节段轴遭遇了损伤性过载。发生这种情形时，应检查钢质传动短轴有无损伤，并更换所有铝合金节段轴。

11.5.2　长轴式传动轴

长轴式传动轴一般由轴接头、轴体以及支撑构件组成，如图 11.12 所示。

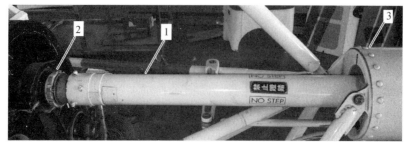

图 11.12　长轴式传动轴
1—轴体；2—轴接头（前端）；3—尾梁

长轴式传动轴一般为铝合金材质，传动轴轴体贯穿整个尾梁，前端接头与尾传动轴功率输出端连接，后端接头与尾桨齿轮箱输入端连接。由于轴体的跨度较大，因此，为衰减或减小轴体在尾梁内部的摆动，在尾梁中央区域安装有减摆装置。

1. 检查区域与部件

尾传动轴主要检查区域与部件：轴体、轴接头（前部与后部）、减摆装置。

2. 维护检查内容与要求

1）轴　体

轴体应无裂纹、扭曲、变形、刻痕、凹坑。任何裂纹、扭曲和变形都是不可接受的。刻痕和凹坑可参阅手册修理限值，如果超越修理限值，应更换轴体。同时需要检查轴体表面是否出现鼓泡、线性连续凸起或漆层脱落，鼓泡和线性连续凸起一般可以判断为已发生点状腐蚀或丝状腐蚀，去除漆层检查，如果在修理限值内，则除去腐蚀，重新涂抹防护漆层。对于漆层脱落区域，需要检查金属裸露区域是否出现腐蚀；如果出现的腐蚀在修理限值内，则去除腐蚀重新涂抹防护漆层。老龄直升机的轴体机械性损伤，还应注意检查轴体转动时与相邻部件之间是否有碰撞磨损痕迹，如果有，则依照修理限值进行处置。

2）轴接头

前后端轴接头安装在轴体两端，轴接头不得出现裂纹、扭曲、变形等损伤，腐蚀损伤依照修理限值进行处置。安装铆钉，不能出现松动，任何松动都不可接受。轴接头上的螺纹应良好、完整。

3）减摆装置

减摆装置包括支架、轴承块、阻尼限动板以及弹簧等。支架结构通过螺杆、螺帽方式安装在尾梁中部，如图 11.13 所示。轴承块和阻尼板等安装在尾梁内部的支架结构上。平时的航线维护中，可以通过尾梁上方的观察孔对减摆装置进行检查，检查时可以将手指伸入，触摸减摆装置和轴体，轴体应处于减摆装置轴承块孔径的中央，并且，减摆装置的轴承块能够以手指力晃动，以此确认弹簧的弹力。

图 11.13　减摆装置的外部安装
1—尾梁；2—观察孔；3—安装位置

在定检维护中或对减摆装置出现怀疑时，需要从尾梁前端或拆卸尾减速器后从尾梁后端，使用明亮、安全光源对减摆装置进行检查，或者拆卸减摆装置总成进行离位检查，如图 11.14 所示。检查支架是否有裂纹、变形以及腐蚀损伤，轴承块与阻尼板状况应良好，弹簧弹力正常等。使用弹簧秤检查轴承块与阻尼板的摩擦力应在正常范围内。老龄部件，其摩擦力会有一定的变化，可以通过增加或减少阻尼板与阻尼弹簧之间的垫片数量调整阻尼板的摩擦力。

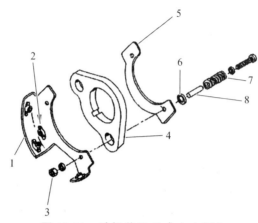

图 11.14　减摆装置总成（内部）
1—支架；2—支架安装螺杆/螺帽；3—阻尼板安装螺帽；4—轴承块；5—阻尼板；
6—垫片；7—弹簧；8—衬套

11.6　中间减速器

中间减速器一般位于尾梁后部或后端，主要用于将主减传递给尾桨的转速进一步降低。中间减速器一般用于大中型直升机，或特殊结构机体的直升机。其减速齿轮系一般采用锥形齿轮，俗称斜齿轮，主要用来改变传动方向。

一般来讲，中间减速器有加油口、金属屑探头、滑油温度探头、油量观察窗（标尺）等，与主减速器、尾减速器检查方式类似，这里就不再赘述。

11.7　斜传动轴

斜传动轴一般位于垂直尾翼前缘，并安装在垂直尾翼整流蒙皮内。主要用于将中间减速器的转速传递给尾桨齿轮箱。斜传动轴一般用于大中型直升机，或特殊结构机体的直升机。其检查内容与尾传动轴的检查内容基本类似，此处不再赘述。

11.8　尾减速器

尾减速器位于尾梁最后端部，其输入端与整个尾传动轴（包括水平传动轴和斜传动轴）的最后输出端连接。主要用于降低尾传动轴的转速，同时改变尾传动轴的传动方向，改变方式一般为 90°。基本构成有环形/锥形齿轮系、镁合金机匣、封严装置、加油口盖、油量观察窗、金属屑探头等，如图 11.15 所示。某些机型的直升机尾减速器没有外部整流罩，裸露在外，如图 11.16 所示。

图 11.15　某机型尾减速器（拆卸整流罩后）
1—尾减速器；2—减速器堵盖；3—加油口盖；
4—油量观察窗；5—金属屑探头；6—堵盖螺帽；
7—封严件（盖板）；8—功率输出轴；
9—尾梁（后端）

图 11.16　某机型尾减速器（无整流罩式）
1—尾减速器；2—加油口盖；3—油量观察窗；
4—金属屑探头；5—封严件（盖板）；
6—安装螺帽

11.8.1　检查区域与部件

齿轮箱机匣、减速器封严及螺帽、加油口盖、油量观察窗、金属屑探头。

11.8.2　维护检查内容与要求

1．齿轮箱机匣

检查齿轮箱机匣外部，应无裂纹、变形、凹坑、刻痕、鼓泡以及线状连续凸起，裂纹和变形损伤不可接受。凹坑和刻痕这类机械性损伤，应该依照修理限值进行处置。对于鼓泡以及线状连续凸起，应该考虑为腐蚀损伤，尾桨齿轮箱机匣材质为镁合金，无论是铝合金机匣还是镁合金机匣，鼓泡以及线状连续凸起一般为点状腐蚀和丝状腐蚀的表现特征。出现这类腐蚀特征，需要及时去除表面防护涂层，检查点状腐蚀或丝状腐蚀的腐蚀程度，如果在修理限值内，则去除腐蚀，重新涂抹防护涂层。作为老龄直升机或老龄部附件，容易发生这类腐蚀损伤，而这类腐蚀损伤在维护工作中容易被疏忽，随着腐蚀程度的加重，整个机匣金属结构的强度会随之降低。因此，对于老龄直升机或部附件，腐蚀控制应作为维护工作的一个常态化检查的重要工作内容，尤其是对于那些没有配置尾减整流罩直接暴露在外部的尾减速器，腐蚀检查工作需要增加检查频率。早发现，早处理，对于防护漆层脱落的区域，尽早补漆修复。

2．减速器封严

尾减速器属于翻修次数较多的老龄部件，由于封严件在翻修时装配问题或尾减速器封严件安装孔变形等原因，可能导致尾减速器在使用过程中出现润滑油渗漏，一般表现为在尾减速器下部滴漏或连续滴漏。对于某些机型的直升机，在尾减速器功率输入处或功率输出处，有规定的渗漏标准，诸如 2 滴/分钟等。但考虑老龄部件存在一定的突发性和不可控制性，所以，对于这类渗漏一经出现，立即查明原因或更换尾减速器。

3．加油口盖

快卸式加油口盖需要检查内置封严胶圈情况，视情更换。快卸卡销的磨损不能过大，以手指摇晃，不出现晃动为宜。对于螺栓式堵塞，需要检查根部的螺纹处应无裂纹出现，同时，一般这类螺栓式加油口盖，在螺栓体上有通气孔，应注意检查通气孔的通畅情况。另外，出于对老龄部件的考虑，应特别注意这个螺栓拧入处（在尾减速器上的安装孔）的附近区域，应无裂纹、龟裂，这种情形一般为老龄部件的金属疲劳所致。

4．油量观察窗

油量观察窗的故障表现一般有观察窗口处滑油渗漏，观察玻璃老化、龟裂以及变形，油量指示标尺（或标记）缺失或模糊不清，出现这类问题，一般需要更换油量观察窗。

5．金属屑探头

金属屑探头在定检维护中经常拆卸检查，主要是进行功能性检查，在检查后应意封严胶圈的状态。除此之外，由于该金属屑探头几乎不（或很少）更换，因此，还应该注意检查金属屑探头的磁性。另外，对于老龄尾减速器，应注意在金属屑探头螺栓拧入处（在尾减速器上的安装孔）的附近区域，由于老龄部件的金属疲劳而出现的裂纹、龟裂。

第 12 章　老龄直升机动力装置维修

12.1　概　述

直升机动力装置大体上分为两类，即航空活塞发动机和航空涡轮轴发动机，其中一半以上的通用直升机均使用莱康明活塞发动机。在直升机发展初期，航空活塞式发动机因技术比较成熟而作为直升机的动力装置，但其缺点比较明显，如振动大、功率体积比和功率质量比小、控制复杂等。为了寻求更好的直升机动力装置，航空涡轮轴式发动机应运而生，涡轮轴发动机具有典型的工作稳定、振动小、输出功率大等特点。

目前，航空活塞发动机主要用于小型直升机上，如美国罗宾逊直升机公司生产的 R22/R44 以及美国西科斯基公司生产的 S269 型等小型直升机。而航空涡轮轴发动机主要用在中、大型直升机上，而且航空涡轮轴发动机更能适合直升机的飞行特点，如加拿大 BELL 直升机公司生产的 BELL429 型直升机等。

美国罗宾逊直升机公司生产的 R44II 型直升机动力装置是一台 Textron-Lycoming（德事隆·莱康明）IO-540-AE1A5 型航空活塞发动机，该发动机为 6 气缸、水平对置、顶部气门、燃油喷射式、空气冷却四行程航空活塞发动机，其形貌如图 12.1 所示。

图 12.1　R44 II 型直升机发动机安装位置图

加拿大 BELL 直升机公司生产的 BELL206BIII 型直升机使用的航空涡轮轴发动机型号为 R·R 250-C20J 型，该发动机的最大额定功率为 427 轴马力，其形貌如图 12.2 所示。

尽管发动机有一定的翻修时限，但随着机载发动机使用时间的增加，特别在使用后期，密封圈老化、金属结构件疲劳、腐蚀等状况频发，其可靠性、安全性逐渐衰退，甚至出现空中停车现象，发动机的工作状况将直接影响着直升机的飞行安全，进一步加强发动机的维护，保障老龄直升机的飞行安全显得极为重要。

图 12.2　BELL206BIII 型直升机发动机安装位置图

12.2　航空活塞式发动机的工作原理及组成结构

12.2.1　航空活塞式发动机的工作原理

直升机用活塞式航空发动机大多是四冲程发动机，即一个气缸完成一个工作循环，活塞在气缸内要经过 4 个冲程，依次是进气冲程、压缩冲程、膨胀冲程和排气冲程，如图 12.3 所示。

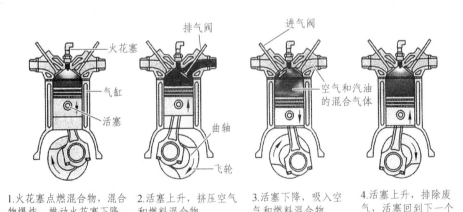

1.火花塞点燃混合物，混合物爆炸，推动火花塞下降。　2.活塞上升，挤压空气和燃料混合物。　3.活塞下降，吸入空气和燃料混合物。　4.活塞上升，排除废气，活塞回到下一个四冲程循环的开始位置。

图 12.3　活塞式发动机的工作原理

1. 进气冲程

发动机开始工作时，气缸头上部的进气门打开，排气门关闭，活塞从上死点向下滑动到下死点为止。气缸内的容积逐渐增大，气压降低（低于外面的大气压）。于是新鲜的空气与燃油的混合气体通过打开的进气门被吸入气缸内。当活塞移到下止点，进气门关闭，进气冲程终了。

2. 压缩冲程

进气冲程完毕后，开始压缩冲程。这时曲轴靠惯性作用继续旋转，把活塞由下死点向上推动，此时进气门也同排气门一样严密关闭，气缸内容积逐渐减少，混合气体受到活塞的强烈压缩。当活塞运动到上死点时，混合气体被压缩在上死点和气缸头之间的小空间内（这个空间叫作"燃烧室"）。压缩是为了更好地利用燃油燃烧时产生的热量，使限制在燃烧室这个小空间内的混合气体压强大大提高，以便增加它燃烧后的做功能力。这时混合气体的压强加到十几个大气压，温度也增加到 400 ℃ 左右。混合气体被压缩的程度，可以用这两个容积的比值来衡量。这个比值叫"压缩比"。活塞航空发动机的压缩比是 5～8，功率大点的活塞式直升机可达到 9。压缩比越大，气体被压缩得越厉害，发动机产生的功率也就越大。

3．工作冲程

压缩冲程之后是工作冲程。在压缩冲程即将结束，活塞接近上死点时，气缸头上的火花塞通过高压电产生了电火花，将混合气体点燃（燃烧时间很短，大约 0.015 s；火花点火速度很快，大约 30 m/s）。气体猛烈膨胀，压强急剧增高，可达 60 到 75 个大气压，燃烧气体的温度到 2 000～2 500 ℃。燃烧时，局部温度可能达到 3 000～4 000 ℃，燃气加到活塞上的冲击力可达 15 kN。活塞在燃气的强大压力作用下，向下死点急速运动，连杆便带动曲轴旋转起来。这个冲程是使发动机能够工作而获得动力的唯一冲程，其余 3 个冲程都是为这个冲程做准备的。

4．排气冲程

工作冲程结束后，由于惯性曲轴继续旋转，使活塞由下死点向上运动。这时进气门仍旧关闭，而排气门逐渐打开，燃烧后的废气便通过排气门向外排出。当活塞到达上死点时，绝大部分的废气已被排出。然后排气门关闭，进气门打开，活塞又由上死点下行，开始了新一次循环。

12.2.2　航空活塞式发动机的组成结构

直升机用航空活塞式发动机是一种往复式内燃机，通过带动旋翼（或螺旋桨）高速旋转而产生推力，其组成结构主要包括机件和附件系统两大部分。主要机件包括：气缸，活塞，曲轴，连杆，气门机构，附件传动机构，进、排气装置以及机匣。附件系统包括：滑油系统、燃油系统、点火系统、发电及起动系统，如图 12.4 所示。

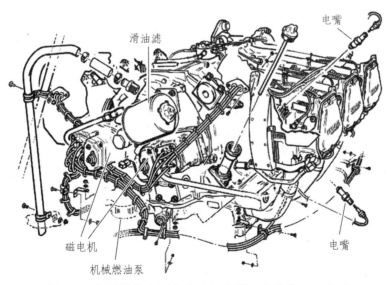

图 12.4　典型的航空活塞发动机各附件安装位置示意图

1. 气　缸

气缸是发动机缸体上安装活塞的空腔，是活塞运动的轨道，燃气在其内部燃烧及膨胀，通过气缸壁散去一部分燃气传给的爆发余热，使发动机保持正常的工作温度，如图 12.5 所示。直升机上活塞发动机采用风冷式冷却方式，气缸外壁上有许多散热片，用以扩大散热面积。为了保持气缸与活塞接触的严密性，减少活塞在其中运动的摩擦损失，气缸内壁应有较高的加工精度和精确的形状尺寸。为了防腐，Lycoming（莱康明）系列气缸组件表面都喷涂了油漆，渗氮气缸为蓝色，绿色或黄色表示该气缸为修理件；为了区分电嘴类型，Lycoming 系列气缸电嘴后部散热片为蓝色油漆则表示该气缸使用热电嘴，而涂有黄色油漆则提醒用户需要使用冷电嘴；同时为了区别不同热处理工艺和需使用何种类型电嘴的气缸，Lycoming 在气缸头上部电嘴前后的散热片上又喷涂有不同的颜色来标示，比如电嘴前部散热片为深蓝色则表示气缸经过渗氮处理，而橙色则表示经过镀铬处理。

图 12.5　Lycoming 系列气缸示意图

2. 活　塞

活塞承受交变的机械负荷和热负荷，是发动机中工作条件最恶劣的关键零部件之一。活塞的功用是承受气体压力，并通过活塞销传给连杆驱使曲轴旋转，活塞顶部还是燃烧室的组成部分，如图 12.6 所示。活塞在高压、高温、高速、润滑不良的条件下工作。活塞顶部承受气体压力很大，特别是做功行程压力最大，一般高达 $6 \sim 9$ MPa，这使得活塞产生冲击，并承受侧压力的作用；活塞直接与高温气体接触，瞬时温度可达 $2\,500$ K 以上，因此，受热严重，而散热条件又很差，所以活塞工作时温度很高，顶部高达 $600 \sim 700$ K，且温度分布很不均匀；活塞在气缸内以很高的速度（$8 \sim 12$ m/s）往复运动，且速度在不断地变化，就会产生很大的惯性力，使活塞受到很大的附加载荷。活塞在这种恶劣的条件下工作，会产生变形并加速磨损，还会产生附加载荷和热应力，同时受到燃气的化学腐蚀作用。

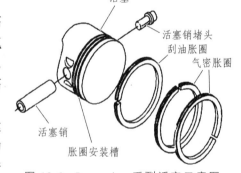

图 12.6　Lycoming 系列活塞示意图

3. 连　杆

连杆是发动机中的重要零件，连接着活塞和曲轴，其作用是将活塞的往复运动转变为曲轴的旋转运动，并把作用在活塞上的力传给曲轴以输出功率，如图 12.7 所示。连杆必须有足够的强度，以便在承受负荷时，能保持刚性；还必须特别轻，以便当连杆和活塞停止运动、改变方向以及从每个行程的死点再次开始运动时减少惯性力。连杆在工作中，除承受燃烧室燃气产生的压力外，还要承受纵向和横向的惯性力。因此，连杆在一个复杂的应力状态下工作，既受交变的拉压应力、又受弯曲应力。连杆截面呈"H"形，系合金钢锻件。连杆与曲轴相连端有可更换的合金耐磨轴承，由穿过轴承盖（连杆小端）的连杆螺栓和螺帽固定住；在与活塞连接端（连杆大端）镶嵌有青铜衬套。连杆上标记有件号，在件号后又后缀有"A""E""S"等字母，"A""E"等字母所表示的连杆质量不同，应尽可能配对使用；字母"S"表示备件，为通用型，可以单独使用。

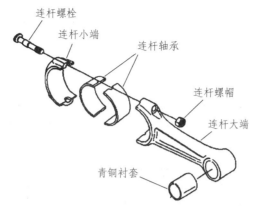

图 12.7　Lycoming 系列连杆示意图

4. 曲　轴

曲轴是发动机中最主要的旋转部件。它承受连杆传来的力，并将其转变为转矩通过曲轴输出并驱动发动机上其他附件工作，如图 12.8 所示。曲轴受到旋转质量的离心力、周期变化的气体惯性力和往复惯性力的共同作用，使曲轴承受弯曲扭转载荷的作用。因此要求曲轴有足够的强度和刚度，轴颈表面需耐磨、工作均匀、平衡性好。其材料是由碳素结构钢或球墨铸铁制成的，主轴颈被安装在缸体上，连杆颈与连杆大头孔连接，连杆小头孔与气缸活塞连接，是一个典型的曲柄滑块机构。曲轴的润滑主要是指与摇臂间轴瓦的润滑和两头固定点的润滑。曲轴平衡重（也称配重）的作用是为了平衡旋转离心力及其力矩，有时也可平衡往复惯性力及其力矩。当这些力和力矩自身达到平衡时，平衡重还可用来减轻主轴承的负荷。平衡重的数目、尺寸和安置位置要根据发动机的气缸数、气缸排列形式及曲轴形状等因素来考虑。

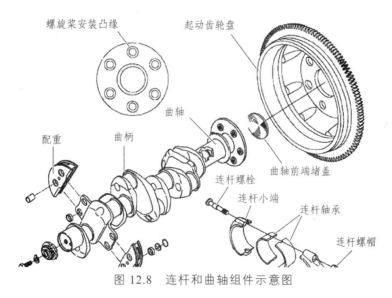

图 12.8　连杆和曲轴组件示意图

5. 气门机构

气门机构的作用是按照一定的次序和准确的时间开启和关闭气门，使得新鲜的混合气准时从进气门进入气缸，并使烧过的废气准时从排气门排出，这样配合活塞连杆机构运转，以达到发动机连续工作的目的。气门烧损以排气门最为常见，其基本原因是气门在高温、高压的废气排出时更易产生积炭。此外，如气门间隙调整不当、磨损过度等也能引起气门的烧损。Lycoming 发动机采用的液压柱塞组件能自动保持气门间隙为零，如图 12.9 所示。其原理为：当气门关闭时，凸轮轴上凸轮圆弧部分与挺杆体接触，柱塞弹簧顶柱塞，使其外端带有轻微的压力与推杆接触，从而消除与气门的连接间隙，当柱塞向外移动时，球型单项活门离开活门座，发动机滑油系统提供的压力油通过供油腔进入并填充压力油腔。随着凸轮轴转动，凸轮推动挺杆体向外运动，使单向活门回位，这时，积聚在压力油腔中的滑油起减震作用。气门在开位期间，滑油可以在柱塞和壳体之间以预定的量串通，以补偿气门机构的膨胀与收缩。当气门关闭之后，所需的滑油立即从供油腔补充到压力油腔，准备进行下一循环工作。使用滚子挺杆体的发动机亦使用相同的液压柱塞组件，工作原理完全相同，只是将凸轮轴凸峰与平面型挺杆体的滑动摩擦变成了滚动摩擦。经使用证明，这种机构能够有效地降低挺杆体端面和凸轮轴凸峰的磨损。

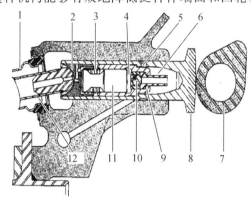

图 12.9　挺杆体及液压柱塞机构
1—推杆套；2—柱塞座；3—弹簧；4，6—油腔；5—单向活门；7—凸轮轴；
8—挺杆体（平面）；9—柱塞筒；10—钢球；11—柱塞体；12—推杆

6. 进、排气装置

进、排气装置的主要功能是在发动机工作循环时，不断地将新鲜空气或可燃混合气送入燃烧室，并将燃烧室中的废气排放到大气中，保证发动机连续运转。进气装置包括空气滤、进气道和与各缸相连的进气管歧管。其中进气道下方的备用进气活门在空气滤过脏或雨中飞行进气滤堵塞后靠负压自动打开，空气滤每级定期需要清洁检查，如发现滤芯破损和堵塞时必须更换（R44 II 型直升机每100 h 需更换）。排气装置包括排气管、消音器、排气总管及其相关密封件和紧固件，排气管位于气缸与消音器之间，排气总管在消音器后部，排气总管将发动机排出的废气引导至发动机后部整流罩的后部区域。消音器位于发动机下方，它由一个金属罩管包裹，金属罩管收集排气管热辐射产生的热量，然后再将热量通过软管引导到飞机驾驶舱内。日常维护需确保排气管的各个接口处的密封可靠，以防止排气中的一氧化碳进入客舱对飞行人员和乘客造成危害，如图 12.10 所示。

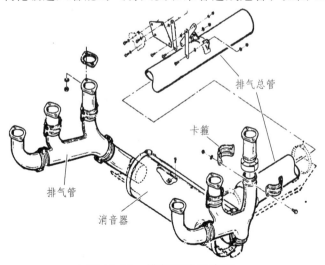

图 12.10　排气系统示意图

7. 机匣及收油池

发动机机匣主要分为主机匣及附件机匣两部分，均由铝合金铸造而成。其中主机匣加工有主轴承安装孔和凸轮轴安装孔，通过使用双头螺栓、埋头螺桩与螺帽固定在一起，是发动机所有部件的基座；附件机匣安装燃油泵、磁电机、真空泵、滑油泵、主滑油滤等发动机的附件；收油池主要用来收集滑油，安装有滑油滤网组件、滑油放油活门、进气管接头以及燃调安装座等部件。

12.3　航空涡轮轴发动机的工作原理及组成结构

12.3.1　航空涡轮轴发动机的工作原理

航空涡轮轴发动机是依靠燃气涡轮轴旋转时的能量进行做功，燃油在燃烧室内燃烧，其化学能转换为燃气的热能和动能，然后通过涡轮的旋转运动将燃气的热能和动能转换成机械能，一部分机械能（燃气涡轮）驱动压气机高速旋转，另一部分机械能以扭矩的形式输出驱动直升机的旋翼和尾桨。

12.3.2　航空涡轮轴发动机的组成结构

航空涡轴发动机的结构组成分为：进气装置、压气机、燃烧室、涡轮组件及排气装置。其工作原理（见图 12.11）是依靠燃烧室内的化学能转化为热能和动能，再由动力涡轮输出有效功率给功率输出轴来带动旋翼和尾桨传动系统。

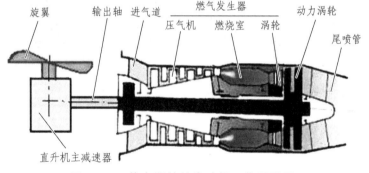

图 12.11　航空涡轮轴发动机工作原理图

1. 进气装置

涡轴发动机中进气装置的内流进气道多采用收敛形，是因为直升机主要用作低空、低速飞行，收敛形的进气道能让气流在进气道中流动加速、对进气过程中气流流场的不均匀性起到改善的作用。进气装置的进口唇边通常采用的是圆滑流线型，这样既满足了亚音速流线的要求，同时又避免了气流在进口处发生折转，造成气流分离。

有的进气装置还加装了颗粒分离器（见图 12.12），目的是将沙尘颗粒排出机外防止其进入发动机内部，造成对发动机部件的磨损或影响发动机的正常工作。

图 12.12　某型直升机颗粒分离器

2．压气机

涡轴发动机的压气机（见图 12.13）是依靠高速旋转的叶片给空气做功来提高空气压力的部件。通常由静子导向叶片、转子叶片以及扩压器组成。当前，直升机的涡轴发动机压气机是由若干级轴流转子与单级离心式叶轮盘所构成的。

压气机的每一级叶片由一级静子叶片和一级转子叶片组成。转子对空气做功将空气加速向后流动并对空气起到压缩作用，再流入静子叶片通道，静子叶片对空气进一步压缩。增压比代表了压气机对空气的压缩程度，即压气机出口处的总压与进口处的总压之比，也等于各级增压比的乘积。

图 12.13　某型直升机压气机转子叶片

3．燃烧室

燃烧室是发动机内燃油和压缩空气混合并燃烧的地方。燃烧室通常由火焰筒和外壳组成，燃油喷嘴和起动点火器安装在气流的进口处。在起动时，由起动点火器来点燃火焰筒内的混合燃气，工作时则依靠火焰筒内的燃气保持稳定的燃烧。

4．涡轮组件

涡轮的组成分为转动的叶轮和静止的导向叶片，其作用是将燃气的热能转化成旋转的机械能。涡轴发动机与一般航空涡轮发动机的区别在于其前段燃气涡轮负责驱动压气机，后段动力涡轮输出轴功率给传动系统（见图 12.14），再由传动系统带动主旋翼和尾桨系统工作。大多数涡轴发动机前、后两段涡轮只有气动连接，没有机械连接。

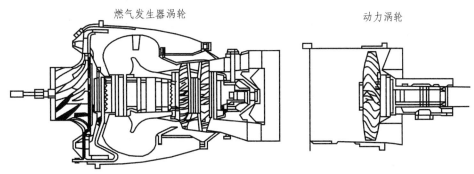

燃气发生器涡轮　　　　　　　　　动力涡轮

图 12.14　航空涡轮轴发动机涡轮组件工作示意图

5. 排气装置

大多数涡轴发动机的排气装置呈圆筒、扩散形，这是根据发动机的工作特性设计的。这样的设计使得燃气能够充分膨胀、做功，将 95% 以上的燃气可用膨胀功通过动力涡轮转变为轴功率，而余下的部分则以动能的形式从尾喷管喷出转化为推力。为了合理安排直升机的结构，涡轴发动机的尾喷口可以向上、向下或朝向两侧，以避免发动机排出的废气对其他部件造成影响。

12.4　老龄直升机活塞式发动机的维护

随着直升机的老龄化，发动机使用寿命的增加，其相关部件不可避免地出现腐蚀和老化现象，导致发动机性能逐渐衰退。特别是活塞式发动机还存在工作振动大的缺点，金属结构件产生疲劳裂纹的可能性大大提高，直接影响着直升机的飞行安全。因此，应针对老龄直升机活塞式发动机的结构特点和典型失效形式，严格按照维护手册的要求和维护经验合理制订检查方案，加强关键部位的日常检查，切实保障老龄直升机的持续适航安全。

12.4.1　发动机的清洁与防腐

金属部件的腐蚀与腐蚀沉积物的多少息息相关，随着直升机的使用，发动机表面的沉积物会逐渐增多，若不及时清除就会导致金属部件出现腐蚀现象，因此，定期对发动机进行清洁是防止发动机出现腐蚀的有效预防措施。活塞式发动机的清洁可以使用干洗溶剂或等效的化学溶剂进行，清洁前应将发动机的所有入口盖住或堵住，以防止清洁剂进入发动机内部，同时，还应将所有的电气附件（发电机、起动机等）进行保护。清洁时应将发动机外部沉积的灰尘、油污等彻底清除，出现锈蚀的部位还要进行除锈和防锈处理，防止锈蚀形成和发展。清洁工作应定期执行，在空气污染严重区域飞行或发动机渗油严重的情况下应尽量缩短清洁间隔周期，保证发动机外部的清洁。

12.4.2　发动机架的维护

发动机架是发动机与机身之间的连接部件，发动机架和发动机连接处一般都安装有橡胶减振垫，用于隔绝发动机的噪声和减小传到座舱的振动。为防止橡胶老化，橡胶减振垫不能使用任何溶剂进行清洁，如需清洁，应使用清洁的抹布。除了需要定期进行清洁外，发动机架的维护主要是检查其完整性，应无腐蚀、裂纹和磨损发生，并定期（一般为发动机翻修时限或换发时）拆下进行无损探伤检查，保证其状况良好。

12.4.3　发动机滑油系统的维护

活塞式发动机滑油系统的主要功用为：保证发动机内部机件得到良好润滑和冷却，减小摩擦、降低机件磨损，并防止机件过热。其维护时应注意以下几点：

（1）保持滑油清洁。机务维护人员应按照相关机型维护手册的要求向发动机添加正确牌号以及适量的滑油，并更换滑油滤。

（2）每次航后，应及时检查发动机滑油的消耗量，及时补充新鲜的滑油。随着发动机的使用，滑油的消耗量将逐渐增加，如果发现滑油消耗量明显升高，应及时分析原因。

（3）定期检查机匣通气孔，防止堵塞。

12.4.4　发动机燃油系统的维护

活塞式发动机燃油系统的功用是向发动机提供适量的燃油，并将燃油进行雾化和气化，然后与空气进行均匀的混合，以保持发动机正常工作。其维护时应注意以下几点：

（1）在直升机航前、航后应重点检查所有燃油管路的接头有无渗漏迹象。

（2）定期清洁机身燃油滤以及燃油调节器进口油滤（使用超声波清洗）。

（3）活塞式发动机的燃油喷嘴管路较细，易形成堵塞，在对燃油系统进行维护时应避免受到外来物污染，防止堵塞喷嘴。

（4）重点检查直升机操纵钢索与各燃油管路之间的间隙应满足要求，防止操纵钢索与燃油管路磨损。

12.4.5　发动机点火系统的维护

点火系统作为活塞式发动机的关键系统之一，其工作状况直接影响着发动机工作的稳定性、可靠性和安全性。进入使用后期的活塞式发动机故障率较高，做好点火系统的维护工作对于保障老龄直升机的飞行安全极为重要。

活塞式发动机的点火系统主要包括：磁电机、高压导线、电嘴，其维护时应注意以下几点：

（1）保持磁电机断电器触点清洁、接触良好，触点间隙应符合规定，磁电机内部应保持干燥、清洁，防止油污进入。

（2）检查电嘴间隙应符合规定，防止电嘴积铅、挂油，以免影响其点火性能。

（3）检查高压导线，及时更换锈蚀或破损的导线。

（4）定期将气缸上、下部电嘴进行对调，建议每隔 50 飞行小时对调一次。

12.5　老龄直升机涡轴式发动机的维护

通常直升机上使用的涡轴式发动机工作环境恶劣，工作状况较差，不仅需要承受高温和较大的应力，而且经受着很大的交变载荷；同时由于直升机经常在恶劣的环境下起降、悬停、低空飞行，以上因素极易造成发动机的机械损伤、磨损和腐蚀。特别是老龄直升机的机载动力装置，随着使用时间增长，其燃、滑油管路的老化，转子叶片疲劳、腐蚀等状况时有发生，如图 12.15 所示。与此同时，空气质量的好坏直接影响着涡轴式发动机的工作状况。因此，加强使用后期的涡轴式发动机的维护与清洁，对于保障直升机的飞行安全极为重要。

图 12.15　某型航空涡轴式发动机压气机叶片腐蚀

12.5.1　空气污染对涡轴式发动机的影响

直升机的工作环境中沙尘、污垢过多，空气污染过重，容易使压气机转子和静子叶片上形成附着物，这些附着物使叶片变得粗糙，减少发动机内的空气流量，使发动机轴功率降低、油耗增大，并且更加容易造成气体分离，使压气机性能衰退，甚至可能出现喘振，从而影响发动机功率等总体性能。尤其是在地面起飞时，吸进的灰尘量最大，随飞行高度的升高灰尘浓度会逐渐下降。

直升机在潮湿和多盐雾的环境下运行，潮湿的空气导致进入发动机的实际干空气量减少，导致发动机的轴功率减小，还有可能引起橡胶件的提前老化失效、金属件的腐蚀以及电气接触装置的氧化。特别是当大气中盐分浓度过高，会造成涡轴发动机部件的腐蚀。此外，发动机叶片上的沉积物会破坏内部构件的平衡系统，引起较为强烈的发动机振动，导致发动机的使用寿命大大降低。

因此，外场维护中定期或视情对发动机进行清洗已经成为一项重要的维护措施，对发动机的清洗能有效去除叶片上的沉积物，增加发动机内部的空气流量，提高压气机的增压比，降低部件的腐蚀程度，最终使得发动机的工作效率得到有效的提高，保证了涡轴发动机的使用性能和可靠性。

12.5.2　发动机燃、滑油管路的腐蚀与老化

涡轴发动机的压气机组件、涡轮组件、齿轮箱组件以及燃油调节器等均为翻修件，在这些组件达到使用时限后需进行翻修，并经过组装后可重新投入使用。但针对涡轴发动机的燃油管路、滑油管路以及传感器的导线等部件通常为非翻修件，在长期的使用过程中，其金属管路的内表面在高温、高压以及油液的腐蚀下产生老化现象，而且该现象具有较强的隐蔽性，危害性也较大，如国内某通航的涡轴发动机滑油管路在使用约 20 年后，发生了粉末状腐蚀。因此，在各通航企业经济条件允许的状况下，针对使用时间较长（12 年以上）的金属管路应进行更换。

12.5.3　清洗发动机的重要性

清洗涡轴发动机是消除发动机内叶片沉积物的有效方法，对于恢复发动机的性能，发现和预防

发动机故障起到了关键作用。发动机内沉积物通常分为盐类和灰尘油脂沉积物两大类，清洗的方式一般分为冷清洗和热清洗两种。

冷清洗是在发动机处于冷转时，向发动机内喷入按比例调好的清洗剂和蒸馏水混合液，达到除盐效果，故而冷清洗又叫"除盐清洗"，由于这项清洗是在发动机冷转状态下进行的，故不会导致热腐蚀。

热清洗是在发动机处于慢车状态时向发动机内喷入清洗剂，从而清除掉叶片上的沉积物，达到降低腐蚀，恢复发动机性能的作用。热清洗相比冷清洗的优点在于发动机转速高，能够更加有效地去除沉积物，达到清洗目的。其缺点在于其清洗剂多为易燃化合物，若操作不当容易出现超温，导致发动机烧坏。

以 250-C20J 发动机压气机的清洗为例，该发动机在工作 100 h 后需要进行压气机的清洗，清洗步骤分为：

（1）将放气活门置于关闭位，断开放气活门压力感应管路和压气机到 Pc 滤上的 Pc 管路，并将断开的部分用堵头堵上，拆下燃烧室余油活门作为冲洗液的出口。

（2）准备好清洗剂和蒸馏水的混合清洗液，从压气机进口喷入，3 s 后按住起动电门来带动压气机转动，确保点火电路断路器是拔出的（不点火）。在 9~11 s 内喷入 1 L 清洗液，确保 N1 转速不高于 10%，按需要重复这项清洗循环。

（3）确保点火电路断路器是拔出的，将清洗液换成干净蒸馏水向压气机内喷入，在喷入的 3 s 后按住起动电门，5~10 s 内喷入 0.5~1 L 的蒸馏水，并重复循环。

（4）恢复管路连接和余油活门，取下放气活门的堵头将放气活门置于开位。

（5）在慢车转速下运转发动机 5 min，以尽可能除掉残余的水分。

12.6　航空涡轴发动机的振源识别与减振技术

发动机作为飞行器的动力来源，其工作状况直接影响着飞行器的安全性和可靠性。通常直升机上使用的涡轴发动机工作环境恶劣，工作状况较差，不仅需要承受高温和较大的应力，而且经受着很大的交变载荷；同时由于直升机经常在恶劣的环境下起降、悬停、低空飞行，以上因素极易造成发动机的机械损伤、磨损和腐蚀。另外，针对发动机的安装、使用和维护等因素的影响，使振动成为涡轴发动机的主要故障之一。因此，降低发动机的振动，提高发动机的持久性和可靠性，对涡轴发动机的振源识别显得尤为重要。

12.6.1　发动机振源的监测与识别

通常情况，发动机振动的影响因素较多，例如，发动机的安装、附件的正常磨损、维修水平以及特殊的使用环境等。若发动机在较高的振动水平下长时间工作，极有可能造成发动机部件的过度磨损或失效。因此，针对涡轴发动机的振源识别（起动发电机、压气机、燃气涡轮、动力涡轮等）是对发动机振动水平有效控制的关键步骤。

振动是相对于参考点的机械振荡或机械运动。涡轴发动机的振动通常表现为燃气涡轮、动力涡轮或者齿轮的旋转频率接近或相同。所以，通过对涡轴发动机关键部件振动频率、幅度的监测，可以有效对振动数据进行评估，采取正确的降振、减振措施。使用 ACES 公司生产的 Model 2020 振动测试分析仪对 Model 250-C20J 型涡轮轴发动机的振动情况进行监测和分析，如图 12.16 所示。

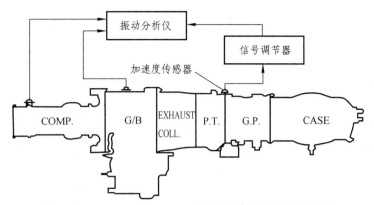

图 12.16　Model 250-C20J 型涡轮轴发动机振动监测

　　其振动监测的工作原理为通过安装在发动机上的 3 个加速度传感器采集压气机、齿轮箱、燃气涡轮（G.P）以及动力涡轮（P.T）的振动数据。来自传感器的振动数据信号经过信号调节器处理转换成设备可识别的信号，最终经过处理过的信号以频率的形式输出。将获取的发动机某部件的振动频率与其正常的频率值相比较，即可识别发动机的振动来源。

　　动力涡轮、燃气涡轮的转速与其相对应的频率分别如表 12.1 所示。

表 12.1　M250-C20J 发动机正常的转速与频率

发动机型号	动力涡轮转速（100%）	频率（Hz）	燃气涡轮转速（100%）	频率（Hz）
M250-C20J	33 290	554.83	50 970	849.94

12.6.2　振动分析与措施

　　尽管发动机的振源来自很多方面，但动力装置的高频振动通常存在于发动机的某些旋转部件中，例如：

（1）燃气涡轮的旋转。

（2）动力涡轮的旋转。

（3）压气机的高速旋转。

（4）起动发电机的旋转。

（5）动力输出轴的旋转。

（6）发动机动力附件的旋转。

　　针对以上动力装置可能存在的振源，必须在外场动力装置的维护中注意，如果出现振动，可通过以下方法进行相应的检查和调整：

1. 燃气涡轮振动

（1）检查燃气涡轮有无外来物损伤。

（2）检查压气机和涡轮连接处的安装情况，应按发动机维护手册要求施加力矩。

（3）检查燃气涡轮的主轴轴承有无受损（如轴承受损，可以通过发动机的金属屑探测器发现金属屑的存在）。

2. 动力涡轮振动

（1）检查涡轮的平衡状况。

（2）检查动力涡轮固定螺母有无松动。

（3）齿轮箱与涡轮填隙片的厚度是否合适。

（4）检查第3、4、5、6号轴承有无过度磨损或其他损伤。

3．压气机振动

（1）检查压气机有无外来物损伤（若发动机遭受外来物损伤，通常发动机可能产生加大的噪声）。

（2）检查压气机转子、静子叶片有无裂纹或损伤。

（3）检查压气机与涡轮的准直度应符合要求。

（4）检查第1、7、8号轴承有无过度磨损或其他损伤。

4．动力输出轴振动

（1）检查动力输出轴的柔性连接接头有无裂纹或损伤。

（2）检查发动机与机身的准直度，保证动力输出轴与机身的纵轴在同一条直线上。

对于发动机整体出现振动，外场可通过以下方法进行调整：

（1）检查发动机安装支架固定可靠（不允许出现发动机下沉现象）。

（2）检查安装支架处垫片应无损伤，并视情进行更换。

（3）定期对发动机结构进行振动测试，以确保其振动值在规定的范围内。

涡轴发动机的振动故障通常是逐渐发展的，其发展过程中有很多的征兆，因此是可以进行监测和处理的。对涡轴发动机的振源进行监测，进而做出正确的判断和处理措施，可有效地降低发动机压气机、齿轮箱等各附件的磨损，提高发动的使用寿命，确实保障直升机的飞行安全。

12.7　典型故障分析

典型案例1：2012年10月某日，国内某通航直升机在执行飞行训练时，机组听到发动机有异响，飞机有明显瞬间抖动，并伴有持续的呼啸声，机组随即落地并报告，指挥员要求慢车位检查，随后在悬停区关车。

经分解压气机检查发现：第3级转子叶片从根部断裂一片，将第3、4级静子叶片击伤，第5级静子叶片前缘部分损伤，第6级静子叶片前缘下部轻微损伤；第3、4级转子叶片损伤严重，第5级转子叶片前缘部分损伤，第6级转子叶片前缘轻微损伤。

转子和静子叶片的受损情况分别如图12.17和图12.18所示。

图12.17　某型直升机发动机转子叶片损伤

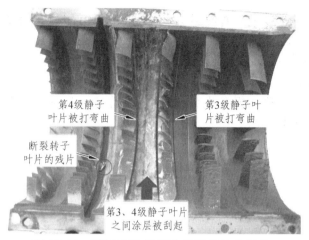

图 12.18　某型直升机发动机静子叶片损伤

原因分析：该涡轴发动机的静、转子叶片在长期使用后因内部的沉积物附着在叶片上，腐蚀了静、转子叶片，破坏了转子叶片的动平衡系统，导致转子叶片的金属性能降低，叶片疲劳、变形，导致涡轴发动机在使用过程中发生了较为强烈的振动，最终使得该转子叶片因疲劳腐蚀而断裂。

典型案例 2：2013 年 8 月某日，国内某通航直升机的活塞式发动机三号缸排气门推杆被顶弯，滑油从推杆套两端的密封圈渗出，这是一起典型的由气门卡阻造成的推杆弯曲故障，如图 12.19 所示。

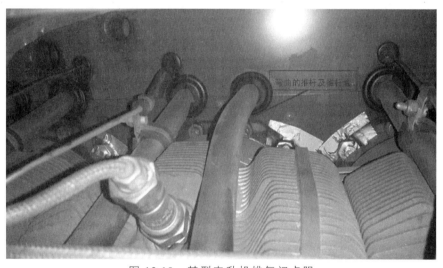

图 12.19　某型直升机排气门卡阻

原因分析：活塞发动机的气门杆与气门导套之间由于某种原因导致相对运动受阻的故障现象称为气门卡阻。气门卡阻的直接原因，一是气门和气门导套之间沉积物的聚集；二是气门导套骤冷或气门杆骤热导致变形。直升机在飞行过程中一直是大功率飞行，更易增加发动机气门卡阻的风险。

检查方法：

在地面气门卡阻常会伴有发动机抖动和排气管冒黑烟现象。飞行中气门卡阻时发动机转速会出现间歇性掉转的情况，这也是气门卡阻的典型故障现象。维修人员检查气门卡阻故障最有效的方法是气缸压缩性检查。以莱康明 IO-540-AE1A5 发动机为例，热发时检查气缸的压缩性，拆下气缸上部电嘴安装气源管路，当活塞在压缩行程上出现死点时应固定曲轴，分别向各气缸内输入压力为 80 psi 的冷气，检查输出压力不低于 60 psi，各缸输出压力相差不应超过 15 psi。

预防措施：

（1）严格按照手册要求，使用规定牌号的燃油。

（2）定期清除气门机构部件上附着的积垢，定期检查排气门导套间隙，确保气门间隙在规定范围内。对于气门卡滞的发动机，应选用合适的铰刀清洁排气门导套。

（3）飞机在操纵过程中应防止发动机骤冷、骤热。以莱康明发动机为例，发动机起动后应在1 200 r/min 暖机，直到滑油温度达到 100 °F 后才能大功率运转发动机。飞行中，尤其在下降过程中，应避免快速将发动机由大功率降到慢车状态。发动机停车前，应保持其在 1 000 ~ 1 200 r/min 工作一段时间，直到发动机温度稳定后，再关车。

第 13 章　老龄直升机电子/电气系统维护

13.1　概　述

直升机由于其良好的机动性和安全性，成为通航领域不可或缺的主力机型，同时直升机生产厂家和型号众多，各类机型所装配的电子/电气系统大相径庭，有的是基本仪表，有的是综合显示器，但其根本原理和功能都相对一致。同时直升机电子/电气系统都具有提供飞行导航、语音通信、监控飞机运行状态、辅助飞行操纵控制等基本功能。

下面简单梳理直升机的常见电子/电气系统构成。

13.1.1　通信系统

1. 内话系统 ICS

内话系统 ICS 用于直升机机组成员之间、机组和乘客之间的通信交流，并提供所有航空电子设备的音频信号控制。分离式通信设备详见图 13.1。

图 13.1　某型直升机分离式通信设备

音频信号通过耳机或扬声器输出给驾驶员和副驾驶，并由音频控制板进行控制，或者由航空电子设备直接进行音量控制。驾驶杆上的按压开关用于控制内话语音的发射。

2. 甚高频通信系统

甚高频通信系统用于直升机和地面、直升机和其他飞机之间的通信交流。在 118.000～135.975 MHz 的频率范围内，双向语音通信可使用 720 个通道。

部分通导一体的 VHF 收发机具备 VHF 语音通信双功能。在收发机前控制面板上，显示有两个语音通信频率：一个激活频率一个备用频率。

3. 应答机 ATC

应答机 ATC 向航空管制员提供识别信号。应答机的设计满足空中交通信标系统（ATCRBS）对飞机信标的要求。应答机接收频率为 1 030 MHz 的地面雷达询问信号，此后飞机自动生成一个应答代码，并自动发送给地面接收基站，频率为 1 090 MHz。

一个特定的脉冲序列预选代码分配给直升机或者预留给特殊的场合，这些代码有利于管制员精确、快速地区分直升机。为了进一步高速识别，管制员可以要求飞行员进行主动识别，即飞行员可以按压 ATC 应答机面板上的 IDENT（识别）键使 ATC 雷达显示器上的显示图标闪亮或高亮。

在 FAA 规则中，以下代码只能被用于特殊情况识别：

0000 和 7777：暂未使用

1200：目视飞行低于 10 000 英尺

1400：目视飞行高于 10 000 英尺

4000：受限制或警告区域

7500：劫持

7600：通信失效

7700：飞机处应急状态（MAYDAY）

13.1.2 电源系统

多数直升机装配有 28 V 直流电源系统，飞机的电能可以从两个途径获得：机载电瓶、发电机。电源系统的线路采用单线、共地的原则，电瓶和起动发电机的负线通过飞机机体结构件接地。

1. 直流电源系统

直流电源系统包括电瓶、电瓶继电器和电瓶开关，部分飞机装配有电瓶温度（BATT TEMP）和电瓶超温（BATT HOT）传感器和相关线路。电瓶一般是独立放置，并设计有专用的排泄管路。电瓶继电器用于控制电瓶连接至主汇流条。

2. 外部电源系统

外部电源系统包括外部电源插座、外部电源继电器和相关线路。外部电源插座是一个极化插座，用于将飞机电源系统和外部电源相连接。外部电源继电器用于控制外部电源电流汇入主汇流条。外部电源插座上的正极插钉（小）用于判断外部电源极性满足要求后，为继电器线圈通电，接通电路，使可用的外部电源接入飞机汇流条中。

3. 发电机系统

发电机系统包括起动发电机、调压器、反流割断器、发电机重置开关、发电机分流器、超压敏感继电器等，详见图 13.2。

起动发电机安装于发动机的支架上，具有起动发动机、为机载电瓶充电、为电子电气系统供电等功用。发电机通过直流电源线路向飞机提供规定的电能（电压、电流等各项电学参数都符合要求），当发电机电压超过主电源汇流条电压 0.03～0.42 V 时，发电机开始向飞机主汇流条供电。

图 13.2　某型直升机的起动发电机

碳片式调压器，相当于一个可变电阻，用于调节发电机的输出电压，用于补偿电源负载变化引起的电压波动。其工作原理是，通过感应飞机供电电路的电压变化，来调节发电机励磁回路的电阻，从而调节励磁电流的大小，以改变发电机的输出电压。

反流割断器，用于防止发电机输出电压在达到正常工作电压之前，将发电机接入电路之中，防止电流反向。

超压敏感继电器，用于当电路电压达到 31（±1）V 时控制发电机磁场重置，此时继电器处于断开位，将发电机从电路中移除。

4. 双电瓶

辅助电瓶增加了低温起动、短途飞行、频繁起动的电源供给能力。该组件包括一个 13 A·h 的电瓶、继电器、热传感器和一个三位电门开关。BAT SEL 开关（三位置电池选择开关）用于选择使用主电瓶和/或辅助电瓶，详见图 13.3。

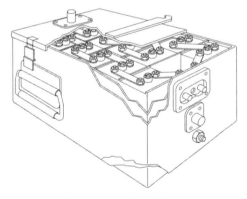

图 13.3　典型机载电瓶

13.1.3　警告系统

警告系统包括一系列的提示灯（位于仪表板的顶部）和各自的感应设备，警告灯板详见图 13.4。一个提示灯测试按钮可用于测试所有提示灯光状态，一个明/暗电门（位于边缘照明仪表板上）可改变提示灯光的亮度，一个 ENG OUT 警告喇叭位于头顶板上。

图 13.4　某型直升机警告灯控制板

1. 发动机输出警告系统

系统提供一个视觉和听觉的发动机输出状态。包括 ENG OUT 警告灯，警告喇叭，发动机转速传感器。警告灯和喇叭可由进气压力电门控制，转速传感器与燃气发生器/转速发电机相连，当燃气发生器转速低于 55（±3）%时，向警告灯和喇叭输出一个接地信号，警告灯点亮，警告喇叭响起。

2. 低转速警告系统

低转速警告系统提供视觉和听觉的警告。系统包括 ROTOR LOW RPM 提示灯，低转速警告喇叭，低转速传感器。低转速传感器用于感应发动机的转速，当转速低于 90（±3）%时，向相应警告灯和喇叭输出一个接地信号，警告灯点亮，警告喇叭响起。低转速警告消除开关，可用于人工关闭低转速警告。

3. 变速箱滑油压力警告系统

变速箱滑油压力电门与滑油管路相连，直接感受滑油系统的压力，开关触电保持常闭位。当滑油压力低于 28 psi（193 kPa）时，开关断开，变速箱滑油压力警告出现。

4. 电池温度感受系统

电池温度感受系统包括超温感受模块、BATTERY TEMP 提示灯、BATTERY HOT 警告灯和相关线路。

超温感受模块中的 S1 电门在电瓶温度到达 130 °F（54.4 °C）时接通，以接通电瓶温度提示灯。当温度到达 140 °F（60 °C）时，超温感受模块中的 S2 电门接通，以接通电瓶高温警告灯。当电瓶温度提示灯点亮，电瓶充电电路须关闭，使电瓶温度下降到 130 °F（54.4 °C）以下，以恢复电瓶的正常工作状态。

5. 低燃油警告系统

低燃油警告系统独立于飞机燃油系统之外，当飞机燃油油箱可用油量接近或低于 20U.S.加仑时，

FUEL LOW 低燃油量提示灯将亮起。

6. 燃油滤压差电门

压差电门是燃油滤的一部分，安装于燃油管路中。

当燃油滤压力低于安全运行限制（即出现燃油滤阻塞情况时），压差电门闭合，并点亮燃油滤警告灯，此时燃油滤被旁通、失效，燃油路直接导通。

7. 燃油压力电门

燃油压力电门位于每个发动机燃油引射泵的输出管路上，当管路输出压力低于（3.5±0.5）psi[（24.13±3.45）kPa]（即引射泵失效）时电门闭合，FUEL PUMP 提示灯点亮。

13.1.4　灯光系统

灯光系统主要包括：直升机内部灯光和外部灯光，详见图 13.5。

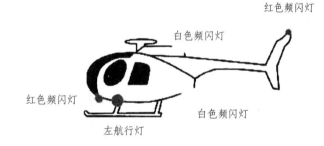

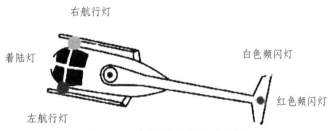

图 13.5　直升机外部灯光组成

内部灯光系统包括：边缘和内部照明控制面板，整体照明控制面板，灯光明暗调节电路，驾驶舱内灯光等。

外部灯光系统包括：着陆灯，位置灯，频闪防撞灯，尾灯/航行灯。

13.1.5　导航系统

1. 动静压系统

皮托管（全压管）直接感受迎面的冲压空气。皮托管（全压管）向空速表提供飞机的全压参数。飞机仪表所需的静压源来自两个静压孔，静压孔位于舱门前部，风挡下部。动静压管路组成详见图 13.6。

飞机空速表，是一个标准的动静压仪表。表针每一个刻度表示对应海里/小时，该指示通过计算皮托管的全压和静压孔的静压所得。

高度表，提供一个飞机相对于海平面的高度显示，高度表与静压系统相连以感受大气静压。高度表有一个外部旋钮，用于调节补偿当前大气压力变化的数值。

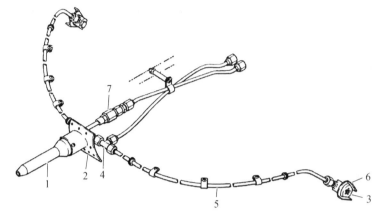

图 13.6 典型的直升机动静压管路结构图

1—空速管；2—空速管固定座；3—静压孔；4—三通接头；5—静压管路；
6—缓冲隔板；7—连接组件

2. 侧滑仪

侧滑仪由密封玻璃管、小球和阻尼液体组成。小球在飞机转弯或者水平直飞时，显示飞机的方向平衡，当飞机偏航或者侧滑时，小球将离开中心，指示飞机偏转。

3. 甚高频导航

甚高频导航提供 VHF 全范围定向（VOR）和航向道（LOC）信息，收发机在 108.000 ~ 117.95 MHz 的频率范围内，可使用 200 个导航通道。在收发机前控制面板上，显示有两个导航频率：一个激活频率和一个备用频率。

4. 自动定位仪 ADF

自动定位仪提供到指定发射基站的相当方位，用于计算飞机到基站的相对距离。ADF 接收机工作在 200 ~ 1 699 kHz 的频率范围内，间隔为 1.0 kHz。接收机具有 3 种工作模式：ADF 频率模式、天线、频率振荡，其显示器可提供方位指示。

13.1.6 发动机指示

1. 双指针转速表

双指针转速表用于指示传动轴转速和发动机转速的百分比，该指示分别由传动轴转速计和发动机转速计提供。在正常情况下，传动轴转速和发动机转速指针是同步的，并都位于绿区。

2. 燃气发生器转速表

燃气发生器转速表用于指示燃气发生器供应转速的百分比，该指示由燃气发生器转速计提供。

3. 发动机滑油温度表

发动机滑油温度表显示发动机的滑油温度，单位为摄氏度。温度表是电桥电路的一部分，电桥电路包括电阻元件和温度计（位于发动机滑油箱内），温度表和温度计在电桥电路中进行电匹配。日常维护工作中不需要对滑油温度表进行校准。

4. 发动机滑油压力表

发动机滑油压力表显示发动机的滑油压力，单位为平方英寸磅（PSI），显示源来自于滑油管路上的压力计，详见图 13.7。

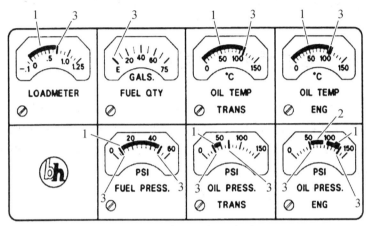

图 13.7　发电机指示仪表
1—绿色区域；2—黄色区域；3—红色刻度

5. 变速箱滑油温度表

变速箱滑油温度表显示变速箱的滑油温度，单位为摄氏度。温度表和温度计同时连接在 28 V 的直流电桥电路中，详见图 13.7。

6. 变速箱滑油压力表

变速箱滑油压力表用于显示变速箱的滑油压力，单位为平方英寸磅（PSI），且已被预先校准。

7. 涡轮出口温度表

涡轮出口温度（TOT）系统的指示单位为摄氏度，温度源来自于涡轮排气管路上的热电偶。部分飞机还装配有温度警告灯，当温度达到 812 ℃（＋2，－0）且超过 10 s 时，警告灯点亮，发出超温警告。

8. 发动机/变速箱滑油温度计

滑油温度敏感电阻测温计用于发动机滑油和变速箱滑油温度的指示。每一个测温计都是电桥电阻线路与温度指示器连接的一部分。随着发动机或者变速箱滑油温度变化，温度计电阻也将发生变化，从而使指示器转动。温度计的电阻元件安装在密封的金属壳里。

9. 转速传感器（测速发电机）

转速传感器是一个三相交流发电机，产生转速信号来驱动双针和燃气发生器转速指示器。

13.1.7　起动点火系统

起动点火系统包括起动发电机、起动继电器、发电机磁场控制继电器、点火器和起动机电门。

起动发电机，位于发动机基座上，通过起动继电器控制来起动发动机，通过瞬间的爆发使发动机进入运转状态。

起动继电器，当起动电门被按压时直接向起动发电机供电，激活起动发电机。

点火器，包括一个励磁放电小电容，用于提供发动机起动时的持续点火电弧。

起动机电门，多是一个双极、单掷按压式开关。当电门被按压到起动位（START），起动继电器和发电机磁场控制继电器被激活，使起动发电机和点火器通电，并断开发电机磁场的分流减弱电路。

13.2　电子/电气系统的老化失效模式

电子/电气系统主要由机载设备、电子/电气线路、电气开关和保护器组成，其部附件种类众多，分布区域遍布整个机身。随着飞机老龄化的进程，系统相关老化故障逐步显现，故障现象多表示为随机性、瞬时性，故障现象难以在地面得到重现，故障原因较为隐蔽，排查周期普遍较长。同时，老化故障往往涉及多个电子/电气子系统，其失效危害不容小视。

在电子/电气系统的多个组成部分中，机载设备和电子/电气线路问题尤为突出和危险。

13.2.1　机载设备

飞机机载电子设备，多为航线可更换组件。大多数机载设备都具有人-机互动操作频繁、灵敏度和精度要求高、在高速高温状态中运行等特点，其故障失效率往往偏高，普遍存下以下故障失效特点：

（1）机载设备老化：其主要失效模式有仪表指示漂移、仪表指示卡阻、传感器灵敏度降低、显示器变色、开关失效、灯组件烧坏等情况。

（2）机载设备散热：其主要失效模式有风扇电机故障、散热通道堵塞等情况。

（3）全静压系统：飞机重要的导航数据源，其主要失效模式有动、静压管路渗漏率偏大，管路接头松脱，全压孔堵塞，静压收集偏差等情况。

13.2.2　典型机载设备的失效模式

1. 机载设备老化

在现代飞机上，航空电子/电气设备是飞行操纵的重要仪表，也是飞机运行状态监控的核心部件。随着飞机老龄化的进程，各类机载设备长期运行在高振动、低压、潮湿的运行环境中，时常会出现失灵或失效等故障。

（1）硬件故障。通信设备、导航设备、发动机监控设备等机载设备，其工作原理和结构大相径庭，其各自的硬件组成也繁简不一。机载设备的物理元器件在运行过程中，因物理碰撞、潮气进入、电压电流突变等问题，导致其工作参数偏离其正常范围或者内部运行环境破坏，致使硬件整体失效。例如，发电机仪表卡阻、手提式麦克风无法键入音频信号、指示照明灯烧坏、电源整流组件功能弱化等。仪表内部硬件故障，详见图 13.8。

图 13.8　姿态仪反指

（2）软件故障。随着集成、综合式计算机的运用，飞机机载设备呈现多样化和智能化的转变，其内部软件程序也直接影响着电子/电气系统的稳定性。软件故障发生于设备内部，涉及系统程序，关联性和隐蔽性较强，需要维修人员具有较强的识别能力和应变能力。软件故障多是由于软件本身设计上的错误造成，也可能是计算机或设备超温、超频造成。常见故障为：软件内部锁定、虚假警报、断电死机等。

（3）电磁干扰故障。随着航空技术的飞速发展，各类电子产品不断装载于飞机之上，使各类无线电信号、电磁信号充斥于整个机舱内。密集交汇的电磁波谱，对机载设备的电磁屏蔽提出了考验。同时，机载设备不仅要克服自身各个设备的相互影响，也要屏蔽外界复杂的电磁环境，屏蔽功能的失效将影响内部电信号的质量和稳定性，不利于飞机的安全运行。最为典型的电磁干扰故障就是，备用磁罗盘受到金属物件的影响，产生航向指示的偏移误差。

2. 机载设备散热

大部分机载设备由电源系统供电，其运行工作必然产生多余的热量，如果热量不能及时传导出去，机载设备的温度将不断升高，从而导致硬件或软件故障的出现。对于设备的散热，飞机设计制造之初就散热装置的考量，在日常运行和维护中出现的主要问题是：设备热量超出设计裕度、散热通道堵塞、散热风扇失效（见图 13.9）。

图 13.9　散热风扇积灰

3. 全静压系统

全静压系统是一个多元的、重要的飞机数据采集系统，其包含了动静压采集元件、动静压管路、大气数据计算机、飞机指示仪器仪表和其他相关交联部件。全静压系统作为大气数据参数的收集、处理、显示的综合体，其任何失效故障都将导致系统基本参数的异常，导致整个飞机空速、高度、姿态计算的异常，从而影响飞行员的操作。

（1）动静压采集元件。全压管（皮托管）、静压孔安置于飞机外表面，工作环境相对恶劣，雨水、风沙、高速冲压空气都影响着其工作性能。采集元件常见故障表现为：堵塞（异物或结冰）、脱落、表面损伤（不平整）。

（2）动静压管路。现代飞机常采用铝合金或合成塑料制成动静压管路，详见图 13.10，管路通常较长且安装于壁板内，飞机长期的振动和异物的磨损、腐蚀，可能导致管路的破损，甚至断裂。在管路接头处，多次的拆装工作，也有可能导致其紧配合的失效，出现密封不严、漏气、脱落等情况。

图 13.10　动静压管路

13.2.3　电子/电气线路

飞机线路走向复杂，交联电子设备众多，线路长，每一电线束又是由多根导线组成的，在飞机长期的运行中，线路故障中最容易产生材料的腐蚀、老化、磨损等情况，此外线路常常被安装在飞机较为隐蔽的边壁中，难以被发现、容易被忽视。飞机运行中长时间的振动可能导致线路接触时好时坏，故障现象时有时无。普遍存下以下故障失效特点：

（1）电子/电气插头故障：插头松脱、插钉脱落、插头氧化腐蚀、插头内部短路等。

（2）导线故障：导线磨损、导线短路或断路、电气屏蔽失效等。

13.2.4　典型电子/电气线路失效模式

1. 电子/电气插头

电子/电气插头即航空连接器，用作线路和设备的连接，具有快速拆装的功能，常见插头组成详见图 13.11。

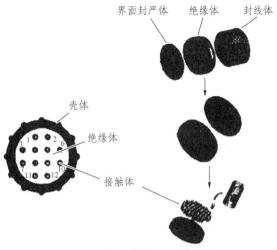

图 13.11　常见航空插头的分解图

电子电气插头常见的故障分为：插头断路，插钉接触不良，插头瞬间断电，插头绝缘不良，装配错线，固定不良，密封不良。常见老化插头如图 13.12 所示。

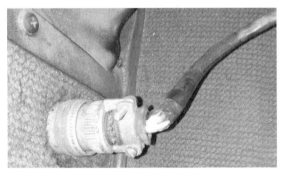

图 13.12　老化的插头

（1）插头断路。该故障表现为插头内部与其对应组件的连接回路存在较高的电阻值，电阻值达到千欧及以上。造成该故障的原因多种多样，如插钉质量问题（固定不良）、施工问题（虚压）等。

（2）插钉接触不良。该故障有别于插头断路，表现为连接回路中存在高阻抗点，其较高的电阻值明显高于线路正常导通电阻值（一般不超过几毫欧或几十毫欧），在较低的航空电压线路中，该处会产生一定的压降，影响线路整体信号的传输。造成该故障的原因多样，如插钉质量问题（工艺、材料问题）、插钉腐蚀问题等。图 13.13 所示为插钉弯曲导致接触不良。

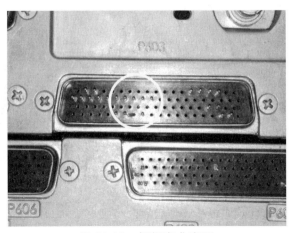

图 13.13　插钉弯曲变形

189

（3）插头瞬间断电。插头内部插钉的工作模式为物理接触，该接触部位存在一个可能变化的接触电阻，接触电阻受接触压力的影响。在一般情况下，该接触电阻可以忽略不计，而当插头受到撞击、振动时，该接触电阻会发生一个动态的变化，电阻值或变大，或变小，造成线路内部电压、电流的瞬间变化，影响线路信号的通断。图 13.14 所示为插钉长期通断电，产生烧蚀。

（4）插头绝缘不良。在航空插头内部通常有一个绝缘块，用于插头内部插钉之间的绝缘隔离、定位固定和减振缓冲。在飞机的长期运行过程中，绝缘块由于污染物的进入，会出现老化、脱落、绝缘性能下降的情况。

（5）装配错误。该故障多为人为因素造成，在插头生产和组装过程中，由于人员的失误或者标记错误，导致配线错位的接线情况，如图 13.15 所示。

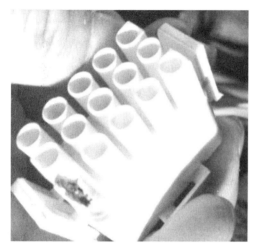

图 13.14　插钉烧蚀

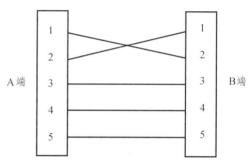

图 13.15　配线错误

（6）固定不良。一般插头都带有一个锁定装置，用于插头的固定，同时在插头尾部会有一个固定尾夹，用于对插头线束的固定和锁紧。插头的固定不良可能导致接触不良、瞬时断路情况的出现，也可能导致插头与插座之间、插钉与插孔之间产生异常的脱离，造成电路信号的整体失效。

2. 案例分享

（1）在某小型飞机运行中，出现滑油压力间断性抖动（突变）的现象，该故障现象呈现偶发性，维修人员多次对飞机进行地面试车未能重现故障现象。前期怀疑为滑油压力传感器故障，在更换传感器后仍有故障情况出现，随后采用量线方式检查线路，也未见异常。为判断是否为发动机数据计算机问题，先后采取了软件重置、串件验证等方式，故障现象依旧瞬时出现。

对于电子线路的检查一筹莫展，维修人员甚至开始怀疑是发动机自身的真实性问题，排故陷入僵局。后续在对传感器进行再次拆装的过程中，维修人员发现该电气插头的外观异于其他飞机构型，细致对比发现该处插头的减振胶垫有老化、损坏的情况，其减振效果有减弱迹象。在更换该减振胶垫后，直升机试车正常，后续投入飞行，再未出现类似滑油压力指示读数抖动（突变）的情况，故障得以彻底排除。减振胶圈详见图 13.16。

图 13.16　故障插头全新件

（2）密封不良。航空电子电气插头用于传输电信号，而电信号极易受到外界环境的影响产生变化或中断，其可能原因是飞机长期的振动和污染物腐蚀，造成密封保护失效。插头污染详见图 13.17。

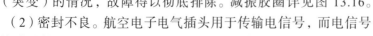

图 13.17　插头被油液污染

3. 导线故障

导线作为电路传输的主体部分，其安装遍布飞机各个部位，高温、高振动的发动机区域，燃油、液压油传输的管路区域，增压、非增压的驾驶舱区域都有着各类导线的分布。一架先进的直升机，整机的导线总长度可达惊人的数十千米。错综复杂、各式各样、功能各异的导线是维修人员在飞机维护工作中不得不面对的一个难题。详见图 13.18。

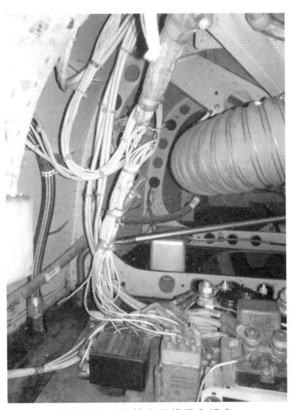

图 13.18　尾舱电子线路和设备

正是因为导线广泛的分布和庞大的数量，导线常常发生多样化的故障。

（1）导线磨损。根据损伤程度可分为导线绝缘层的破损、导线线芯的磨损。导线绝缘层的破损，可能引起导线的短路故障或屏蔽失效而产生电磁辐射、干扰。导线线芯的磨损，将直接影响电导率，改变电信号的特征，严重影响相关设备的功能（见图 13.19 和图 13.20）。此外，导线磨损常常发生在振动较大之处，也常出现在线束之中，日常检查难度较大，这就需要维修人员具有敏锐的观察能力和丰富的经验储备。

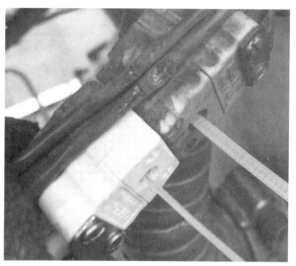

图 13.19　高温区域导线磨损

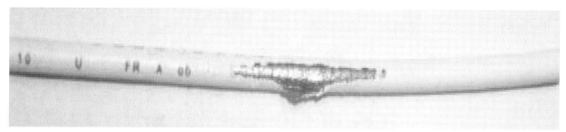

图 13.20　绝缘层磨损

（2）导线老化和腐蚀。此类故障常常发生在导线工作环境比较恶劣的地方。高温区域，长期的高温辐射将影响绝缘层的物理性质，使导线的老化加剧，致使导线的绝缘性能不断下降。油液污染区域，腐蚀性极强的油液会侵蚀导线的保护层，破坏导线的导电性。接线片腐蚀参见图 13.21。

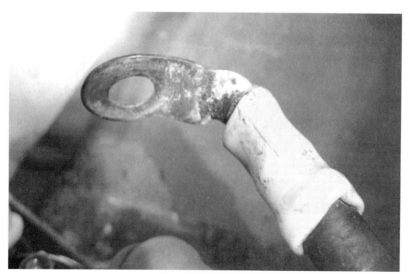

图 13.21　接线片腐蚀

（3）导线断裂。该故障多是由不正确的安装、高振动磨损、塑料屑或金属屑污染等多因素造成，故障后果相对严重，将直接导致线路的失效，飞机可靠性的降低。导线的断裂，具有不可逆转性，但往往会引起明显的故障现象，这就需要维修人员根据实际现象查找相关线路图手册，确定损伤部位，依照线路标准施工手册，正确处理修复（见图 13.22）。

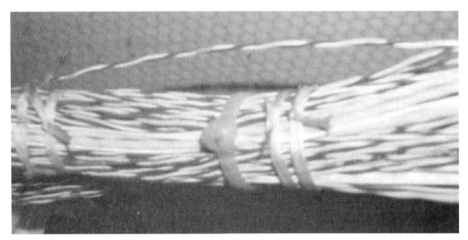

图 13.22　错误的导线捆扎

13.2.5　典型电气开关失效模式

电气开关是控制整个线路导通的重要部件，也是人-机交互的路径。对于老龄飞机而言，开关的长时间使用会导致其不断损耗，电气性能逐步下降，在达到其使用寿命的极限时会出现一些失效的情况。

（1）开关烧蚀。此故障常发生在高压点火、频繁操控的开关控制器上。过高的电压会损坏开关接触器的表面镀层，形成部分的烧蚀点，甚至击穿，这些情况的出现将导致整个开关电气性能的下降或者失效。烧蚀的出现，将引起更多的跳火，使工作电压升高，可能导致设备的烧坏。

（2）可变电阻失效。多数电位开关都是一个可变电阻器，长时间的使用将改变其电阻变化率，造成电阻的跳跃式、间断式变化，这些情况的出现将造成开关的失效，无法达到精准控制电路信号的目的，需要维修人员及时更换处理。

13.3　维护工作的特点

电子/电气系统故障是由多方面因素形成的，故障形式多种多样，涉及的部件、线路较多，原理较为复杂，彻底排除该系统的故障对于飞机维修人员来说有具有一定的难度。

由于电子/电气系统故障存在隐蔽性、瞬时性、难以重现等特点，在日常飞机维护工作中，维护者都应加强检查的深度，梳理常见故障点，重点检查关键部位，采用系统全面的检查方式，同时牢牢抓住发生的故障特殊现象，全面掌握故障的特征，根据故障特征结合电子/电气线路原理图，分析查找原因和解决办法。

飞机运行环境非常复杂，低压、增压、潮湿、振动、高温、腐蚀等情况都不断影响着电子/电气系统的工作状态，对于其特殊运行环境，应有针对性地制订维修方案和维修计划，周期性地检查关键系统、部位，收集、形成飞机老化故障数据库，以此优化各类方案、计划和对应的维护方式。

13.4　维护方式

13.4.1　主要维护类别

电子/电气系统维修工作主要分为计划维修工作和非计划（修复性）维修工作两大类别。

（1）计划性维修工作。主要包括对特定区域内所有机载设备和线路的检查任务，对特定机载设备和线路的专门检查任务，对特定区域内机载设备和线路的清洁任务。

（2）非计划（修复性）维修工作。主要是在飞机运行过程中发现机载设备和线路的故障或者失效，或者在检查中发现机载设备和线路的损伤和退化后，所采取的恢复故障部件设计性能的维修任务。这些任务可以由以下一个或多个工作项目组成：故障定位、故障隔离、拆卸分解、更换、组装、调整及测试等。

13.4.2　常见维护方式

1. 目视检查

此方法是维修人员检查机载设备和线路最常用、最直接的方法。

此法需要维护人员近距离接近设备和线路，在良好的光照环境下，有条理地、有层次地、有始有终地仔细检查整个电子/电气系统，用肉眼或辅助设备，观察可能存在的任何的细小空洞、裂纹、损伤。然而，机载设备和线路的数量众多，一架飞机的线路总长可达数千米，且相互缠绕固定，分布范围遍布整个机体内部，这些不利因素直接影响着目视检查的效率，造成目视检查的盲区。

2. 万用表测量

此方法是指，利用万用表测量电子/电气线路的电阻电压值或者导通情况。

一根完好的电子线路，根据其导线的 AWG 值不同、材质不同则有不同的单位长度电阻值和压降值。通过测量电阻能够确定线路接触不良的部位，若测得的电阻值在规定范围内就意味着线路是完好的，高阻值则意味着线路有断裂，一般采用此方法可以逐段排除断线故障。

3. 定位测试法

该方式需借助先进的航空线路故障测试定位仪器，该仪器能够快速准确分析、定位线路故障。

航空线路故障测试定位仪器不仅包括目前大部分测量仪器的故障测试及定位功能（交流、直流电压测试，负载测试，电容测试，短路故障定位），且具备独特的带电压电阻测试功能，此项功能不会对飞机产生额外损伤，有助于节约维修成本。

仪器通常采用 TDR 时域反馈测量法，工作原理基于传输线理论，其工作方式类似于雷达：利用测量信号在通过某类传输环境传导时引起的反射。TDR 向电缆送一个短的、一般为矩形的脉冲，把来自"未知"传输环境的反射与标准阻抗生成的反射进行比较，线路的阻抗、端接和长度就使反射信号具有独特的时态特征。如果被测件的阻抗是连续的，则信号没有反射。如果有阻抗的变化，就有信号反射回来。根据反射回波的时间可以判断阻抗不连续点距测试端的距离。根据回波的幅度可以判断相应点的阻抗是短路还是断路。

航空线路故障测试定位仪器具有定位显示功能，可在其显示界面显示出故障点的准确位置，精度极高。通过该仪器，维修人员能快速甄别故障部位，大大缩短了飞机维护时间。

13.4.3 预防老龄直升机电子/电气系统故障

电子/电气系统故障的发生具有多样性、瞬时性、隐蔽性等特点，但并不是无规律可循，更不是任由其发展而被动采取处理措施。在日常维护中，需要一线生产者和技术人员广泛收集相关的故障数据，梳理总结故障经常发生的、典型的故障点，针对性地检查和采取预防措施，逐步从经验维修转向科学维修。

1. 重点检查区域

对于电子/电气线路，其问题常出现于飞机的非增压区域，主要集中在高振动区、高污染区，例如飞机发动机、飞机转轴部位、尾梁部位，线路的连接部位也容易发生故障失效，排故时须着重关注，详见图 13.23。由于每架飞机在制造工艺、运行环境、配重平衡上的差异，其各自的故障常见区域也不尽相同，这就需要工作者及时收集差异性数据，总结梳理出适应性更强的重点检查区域。

图 13.23 油路分布区域的导线

2. 改进维修方案，优化检查项目

针对电子/电气系统的维护，故障浴盆曲线（见图 13.24）可以作为重要的参考规律，根据部附件的使用周期分布将故障分为早期故障、偶然故障和损耗故障，在机载设备使用阶段常发生的为偶然故障，其故障率也比较稳定。根据这个规律，当潜在故障被检测出来时，就应及时采取进一步检修，在故障发生之前将系统恢复到正常运行状态。

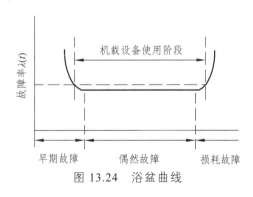

图 13.24 浴盆曲线

对于维护周期的确定，不宜过长，也不宜过短，具体需要考虑可靠性和经济性两个方面的因素。对于飞机电子/电气系统不宜做过多的拆装工作，频繁的拆装势必造成线路的二次损伤和人为损坏。

参考文献

[1] 王强. 某型直升机尾桨挥舞铰螺栓断裂故障分析[J]. 航空维修与工程，2017，5：98-100.

[2] 王强. 直升机尾桨脚蹬卡阻特性及处置方法探讨[J]. 中国民用航空，2017，4：89-90.

[3] 邹元振，孙文胜. 直升机液压系统污染及防治[J]. 直升机技术，2001，（3）：41-46.

[4] 葛漫江. 贝尔206BⅢ直升机主旋翼桨叶前缘梁防腐类型和方案[J]. 民航飞行与安全，1999，1：33-34.

[5] 王强，蒋安民. 基于 Model 2020 的直升机旋翼锥体及动平衡技术研究[J]. 航空维修与工程，2009，6：62-64.

[6] 吕伯平，张文军. 老龄化直升机的维护[J]. 直升机技术，2006，2：55-57.

[7] 刘文斑，贺小帆，等. 飞机结构腐蚀/老化控制与日历延寿技术[M]. 北京：国防工业出版社，2010.

[8] 于琦，章海红. 直升机尾桨机械性失效及试飞研究[J]. 飞行力学，2008，26（3）：74-77.

[9] 孙杰，高艳辉. 直升机尾桨故障及其试飞研究[J]. 飞行力学，2001，19（4）：67-69.

[10] 高正，陈仁良. 直升机飞行动力学[M]. 北京：科学出版社，2003.

[11] 艾剑波，黄文俊，李满福，等. 直 11 型机尾桨变距拉杆故障分析与处理[J]. 直升机技术，2009，（3）：68-71.

[12] 张栋，钟培道，陶春虎，等. 失效分析[M]. 北京：国防工业出版社，2004.

[13] 李春光，舒平，马晓明，等. 直升机尾桨连杆组件失效分析[J]. 失效分析与预防，2013，8（6）：346-349.

[14] 陈宁，邱岳恒，赵鹏轩，等. 大飞机机载设备的故障诊断方法*[J]. 航空制造技术，2013，19：49-5.

[15] 张宇. 民用飞机电连接器的常见失效及布线设计[J]. 创新与实践，2015，22（8）：22-25.

[16] 杨奋为. 航空电连接主机的常见故障检验[J]. 试验与检测，2005，9（3）：40-52.

[17] 周开华、李志华. 航空插头及专用拆卸工具设计[J]. 舰船电子工程，2010，2：187-189.

[18] 伸天海. 基于 EWIS 的飞机线路检查与维修方法分析[J]. 科技资讯，2017（35）：223-226.

[19] 马麟龙、唐长森. 民机电气线路互联系统（EWIS）维修性设计研究[J]. 分析报道，2016（120）：39-44.

[20] 朱喜. 电气线路互联系统（EWIS）线束保护设计研究[J]. 科技视界，99-100.

[21] 顾海荣. EWIS 介绍以及维护管理要求[J]. 航空维修与工程，2012，2：47-50.

[22] 张翔. 老龄飞机线路故障及维护[J]. 中国民用航空，2012，4：42-43.

[23] 杨冬海. 飞机电子线路的常见故障及维修[J]. 科技论坛，83.

[24] 张立辉. 清洗对涡轴发动机性能恢复的若干影响[J]. 科技风，2015，7，34.

[25] 王强. 某型涡轴发动机的振源识别与减振技术[J]. 中国民用航空，2014，4，92-93.

[26] 王强. 贝尔206BⅢ型直升机联轴节超温机理分析[J]. 航空维修与工程，2010，6：43-44.

[27] Sikorsky Aircraft Corporation. Sikorsky S300CB model 269C-1 helicopter maintenance instruction[Z]. 2015.

[28] Robinson Helicopter Company. R44 maintenance manual[Z].2016.

[29] BELL Helicopter Corporation. Bell206A/B Serials helicopter maintenance instruction[Z].2017.